U0181949

国家基本职业培训包（指南包 课程包）

建筑信息模型技术员

人力资源社会保障部职业能力建设司编制

中国劳动社会保障出版社

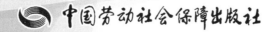

图书在版编目（CIP）数据

建筑信息模型技术员 / 人力资源社会保障部职业能力建设司编制. -- 北京：中国劳动社会保障出版社，2022

国家基本职业培训包：指南包　课程包

ISBN 978-7-5167-5392-7

Ⅰ. ①建…　Ⅱ. ①人…　Ⅲ. ①建筑设计 - 计算机辅助设计 - 应用软件 - 职业培训 - 教学参考资料　Ⅳ. ①TU201.4

中国版本图书馆 CIP 数据核字（2022）第 101444 号

中国劳动社会保障出版社出版发行

（北京市惠新东街 1 号　邮政编码：100029）

*

三河市华骏印务包装有限公司印刷装订　新华书店经销

880 毫米 ×1230 毫米　16 开本　10 印张　177 千字

2022 年 7 月第 1 版　2024 年 1 月第 2 次印刷

定价：32.00 元

营销中心电话：400-606-6496

出版社网址：http://www.class.com.cn

编 制 说 明

为全面贯彻落实习近平总书记对技能人才工作的重要指示精神，进一步增强职业技能培训针对性和有效性，不断提高培训质量，培养壮大创新型、应用型、技能型人才队伍，按照《人力资源社会保障部办公厅关于推进职业培训包工作的通知》（人社厅发〔2016〕162号）的工作安排，我部持续组织开发培训需求量大的国家基本职业培训包，指导开发地方（行业）特色职业培训包，力争全面建立国家基本职业培训包制度，普遍应用职业培训包高质量开展各类职业培训。

职业培训包开发工作是新时期职业培训领域的一项重要基础性工作，旨在形成以综合职业能力培养为核心、以技能水平评价为导向，实现职业培训全过程管理的职业技能培训体系，这对于进一步提高培训质量，加强职业培训规范化、科学化管理，促进职业培训与就业需求的有效衔接，推行终身职业培训制度具有积极的作用。

国家基本职业培训包由指南包、课程包和资源包三个子包构成，是集培养目标、培训要求、培训内容、课程规范、考核大纲、教学资源等为一体的职业培训资源总和，是职业培训机构对劳动者开展政府补贴职业培训服务的工作规范和指南。

国家基本职业培训包遵循《职业培训包开发技术规程（试行）》的要求，依据国家职业技能标准和企业岗位技术规范，结合新经济、新产业、新职业发展编制，力求客观反映现阶段本职业（工种）的技术水平、对从业人员的要求和职业培训教学规律。

《国家基本职业培训包（指南包　课程包）——建筑信息模型技术员》是在各有关专家的共同努力下完成的。主要起草人员有：赵雪锋、杨文生、李静、胡煜超、徐静伟、夏莉莉、葛仁华、张现林、史瑞英、张磊、刘健威、张雪梅、彭子茂、贾方方、吴佳梅、闫会、史娇艳、连珍、陈岭、张世伟、侯晓芬、王伶俐、曹阳、王珺、苏玉斌、连旭文等。主要审定人员有：王静、马智亮、吴恩振、刘晓一、张京跃、单波、刘智敏、李蓓、杨滨、卢志宏、刘立明等。在编制过程中得到了中国建筑装饰协会、北京工业大学、中国建筑科学研究院、苏州金螳螂建筑装饰股份有限公司、上海市建筑装饰工程集团有限公司、贵州合生创展建筑科技有限公司、广联达科技股份有限公司、北京城建设计发展集团股份有限公司、中建东方装饰有限公司、中建深圳装饰有限公司、丝路培文职业教育咨询（北京）有限公司等有关单位的大力支持，在此一并致谢。

人力资源社会保障部职业能力建设司

国家基本职业培训包编审委员会

目 录

1 指 南 包

2 课 程 包

附录 培训要求与课程规范对照表

1

指南包

1.1 职业培训包使用指南

1.1.1 职业培训包结构与内容

建筑信息模型技术员职业培训包由指南包、课程包、资源包三个子包构成，结构如下图所示。

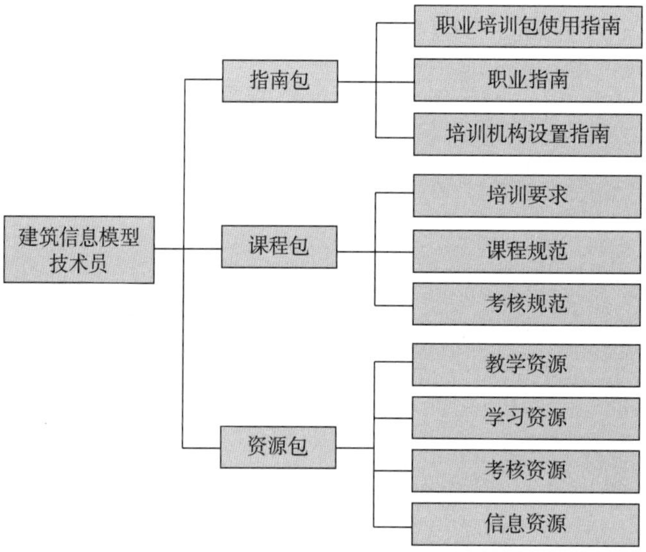

职业培训包结构图

指南包是指导培训机构、培训教师与学员开展职业培训的服务性内容总合，包括职业培训包使用指南、职业指南和培训机构设置指南。职业培训包使用指南是培训教师与学员了解本职业培训包内容、选择培训课程、使用培训资源的说明性文本；职业指南是对职业信息的概述；培训机构设置指南是对培训机构开展职业培训提出的具体要求。

课程包是培训机构与教师实施职业培训、培训学员接受职业培训必须遵守的规范总合，包括培训要求、课程规范和考核规范。培训要求是参照国家职业技能标准、结合职业岗位工作实际需求制定的职业培训规范；课程规范是依据培训要求、结合职业培训教学规律，对课程设置、课堂学时、课程内容与培训方法等所做的统一规定；考核规范是针对课程规范中所规定的课程内容开发的，能科学评价培训学员过程性学习效果与终结性培训成果的规则，是客观衡量培训学员职业基本素质与职业技能水平的标准，也是实施职业培训过程性与终结性考核的依据。

资源包是依据课程包要求，基于培训学员特征，遵循职业培训教学规律，应用先进职业培训课程理念，开发的多媒介、多形式的职业培训与考核资源总合，包括教学资源、学习资源、考核资源和信息资源。教学资源是为培训教师组织实施职业培训教学活动提供的相关资源；学习资源是为培训学员学习职业培训课程提供的相关资源；考核资源是为培训机构和教师实施职业培训考核提供的相关资源；信息资源是为培训教师和学员拓展视野提供的体现科技进步、职业发展的相关动态资源。

1.1.2 培训课程体系介绍

建筑信息模型技术员职业培训课程体系依据职业技能等级分为职业基本素质培训课程、五级 / 初级职业技能培训课程、四级 / 中级职业技能培训课程、三级 / 高级职业技能培训课程，每一类课程包含模块、课程和学习单元三个层级。建筑信息模型技术员职业培训课程体系均源自本职业培训包课程包中的课程规范，以学习单元为基础，形成职业层次清晰、内容丰富的“培训课程超市”。

建筑信息模型技术员职业培训课程学时分配一览表

职业技能等级	课堂学时		其他学时	培训总学时
	职业基本素质培训课程	职业技能培训课程		
五级 / 初级	40	41	30	111
四级 / 中级	20	75	20	115
三级 / 高级	10	90	20	120

注：课堂学时是指培训机构开展的理论课程教学及实操课程教学的建议最低学时数。除课堂学时外，培训总学时还应包括岗位实习、现场观摩、自学自练等其他学时。

（1）职业基本素质培训课程

模块	课程	学习单元	课堂学时
1. 职业认知与职业道德	1-1　职业认知	职业认知	1
	1-2　职业道德基本知识	道德与职业道德	1
	1-3　职业守则	职业守则	1
2. 制图基本知识	2-1　制图国家标准	制图国家标准	1
	2-2　投影方法	投影方法	3
	2-3　工程图识读方法	工程图识读方法	24

续表

模块	课程	学习单元	课堂学时
3．建筑信息模型基础知识	3-1　建筑信息模型概念及应用现状	建筑信息模型概念及应用现状	1
	3-2　建筑信息模型特点、作用和价值	建筑信息模型特点、作用和价值	1
	3-3　建筑信息模型应用软硬件及分类	建筑信息模型应用软硬件及分类	1
	3-4　项目各阶段建筑信息模型应用	项目各阶段建筑信息模型应用	1
	3-5　建筑信息模型应用工作组织和流程	建筑信息模型应用工作组织和流程	1
4．相关法律、法规知识	4-1　法律法规	法律法规	2
	4-2　规范标准	规范标准	2
课堂学时合计			40

注：本表所列为五级 / 初级职业基本素质培训课程，其他等级职业基本素质培训课程按“建筑信息模型技术员职业培训课程学时分配一览表”中相应的课堂学时要求进行必要的调整。

（2）五级 / 初级职业技能培训课程

模块	课程	学习单元	课堂学时
1．项目准备	1-1　建模环境设置	（1）根据实际项目要求，区分不同类型的建筑信息模型软件	1
		（2）识别建筑信息模型软件的授权及注册情况	1
	1-2　建模准备	（1）应用已设置好的模型视图及视图样板	1
		（2）解读实施方案并及时反馈问题	1
		（3）解读建模规则并及时反馈问题	1
2．模型浏览与编辑	2-1　模型浏览	（1）在平面、立面、剖面、三维等视图进行模型查看	1
		（2）对整体或局部模型进行转动、平移、缩放、剖切等操作	1
		（3）通过不同的视点浏览模型	1
		（4）隐藏、隔离模型构件	1
		（5）整合、查看链接的各专业模型	1

续表

模块	课程	学习单元	课堂学时
2．模型浏览与编辑	2–2　模型编辑	（1）模型中各类图元属性的查看	1
		（2）模型中各类图元的移动、复制、旋转、镜像、删除等操作	1
		（3）项目信息、项目单位等参数的调整	1
3．模型注释	3–1　模型标注	（1）查看模型的不同类型标注	1
		（2）对长度、角度、高程等进行简单标注	1
		（3）调整标注的显示样式，如字体、大小、颜色等	1
	3–2　模型标记	（1）查看模型的不同类型标记与注释	1
		（2）对模型构件添加注释和云线标记等操作	1
4．平台应用与管理	4–1　资料管理	（1）通过平台客户端或移动端上传、下载资料文件	1
		（2）通过平台客户端或移动端查看资料文件	1
		（3）新建文件夹，进行文件层级管理	1
	4–2　模型管理	（1）通过平台客户端或移动端查看模型及模型构件属性	1
		（2）通过平台客户端或移动端进行模型的转动、平移、缩放、剖切等操作	1
		（3）通过平台客户端或移动端测量及标注模型	1
		（4）通过平台客户端或移动端按报审流程提交模型	1
	4–3　进度管理	（1）导入进度计划至平台中	1
		（2）利用平台将进度计划与模型进行关联	1
	4–4　成本管理	（1）导入造价信息至平台中	1
		（2）利用平台将造价信息与模型进行关联	1
	4–5　质量管理	（1）通过文字、图片、语音、视频、附件和其关联的模型构件对质量问题进行描述	1
		（2）通过移动端将现场发现的质量问题上传至平台	1
	4–6　安全管理	（1）通过文字、图片、语音、视频、附件和其关联的模型构件对安全问题进行描述	1
		（2）通过移动端将现场发现的安全问题上传至平台	1

续表

模块	课程	学习单元	课堂学时
5．成果输出	5-1 模型保存	（1）使用建筑信息模型集成应用平台和建模软件打开模型文件	1
		（2）使用建模软件保存模型文件	1
		（3）使用建筑信息模型集成应用平台和建模软件输出不同格式的模型成果文件	1
	5-2 图纸创建	（1）对建模软件创建的图纸进行查看	1
		（2）对查看的图纸进行保存	1
		（3）在模型内对创建的图纸重新命名及备注信息	1
	5-3 效果展现	（1）直接查看渲染图或漫游视频文件	1
		（2）使用建筑信息模型软件打开已完成的渲染或漫游文件进行局部细节查看	1
课堂学时合计			41

（3）四级 / 中级职业技能培训课程

模块	课程	学习单元	课堂学时
1．项目准备	1-1 建模环境设置	（1）软件安装与卸载	1
		（2）项目样板的选择、设置	1
	1-2 建模准备	（1）建模基本流程、模型细度标准	1
		（2）建模协同的方式	1
2．模型创建与编辑	2-1 创建基准图元	（1）标高和轴网的创建与标注	2
		（2）标高和轴网的编辑	1
		（3）参照平面与参照线的创建、工作平面的设置	2
	2-2 建筑墙体、门窗与幕墙、楼板与屋顶等建筑图元的创建	（1）墙体的创建与参数设置	2
		（2）门的创建与参数设置	2
		（3）窗的创建与参数设置	1
		（4）幕墙的创建与参数设置	2
		（5）楼板的创建与参数设置	2
		（6）屋顶的创建与参数设置	2

续表

模块	课程	学习单元	课堂学时
2．模型创建与编辑	2-3　柱、梁、板、基础等结构构件的创建	（1）柱的创建与参数设置	2
		（2）梁的创建与参数设置	2
		（3）板的创建与参数设置	2
		（4）基础的创建与参数设置	2
	2-4　栏杆、扶手、楼梯、洞口和坡道的创建与编辑	（1）栏杆、扶手的创建与参数设置	2
		（2）楼梯的创建与参数设置	2
		（3）洞口的创建与参数设置	2
		（4）坡道的创建与参数设置	2
	2-5　模型浏览	（1）过滤、筛分并浏览各类别模型，切换多窗口形式浏览并对比模型	1
		（2）模型显示样式	1
	2-6　模型编辑	（1）模型各类图元的基本操作	2
		（2）模型各类图元的连接关系	2
		（3）墙体的类型	2
		（4）墙体类型的编辑	2
		（5）门窗参数的编辑	1
		（6）幕墙参数的编辑	2
		（7）楼板参数的编辑	1
		（8）屋顶信息的编辑	1
3．模型注释与视图创建	3-1　标注	（1）不同类型的标注创建	1
		（2）标注类型的编辑与修改	1
	3-2　标记	（1）构件类别、材质的标记	1
		（2）文字及符号注释	1
	3-3　创建视图	（1）视图样板的管理和三维视图的创建	1
		（2）平面、立面、剖面视图的创建及修改	2
4．成果输出	4-1　模型保存	模型文件的打开和输出	1
	4-2　图纸创建	（1）图纸的创建和显示设置	1
		（2）按建筑设计制图规范注释尺寸，创建并优化各种构件的平面、立面、剖面、大样图	3
		（3）输出、打印、保存图纸	1

续表

模块	课程	学习单元	课堂学时
4．成果输出	4-3　明细表的统计	（1）各种明细表的识别及创建	2
		（2）明细表的设置	2
		（3）明细表的导出	1
	4-4　效果展现	（1）各建筑构件赋予材质属性、外观色彩属性	2
		（2）渲染视口的创建与渲染的设置	1
		（3）漫游路径和相机的设置	2
		（4）输出漫游视频动画的方法	1
课堂学时合计			75

（4）三级 / 高级职业技能培训课程

<table>
<tr><th>模块</th><th colspan="2">课程</th><th>学习单元</th><th>课堂学时</th></tr>
<tr><td rowspan="5">1．项目准备</td><td colspan="2" rowspan="2">1-1　建模环境设置</td><td>（1）建模中软硬件设备的基本要求和建模软件的安装</td><td>1</td></tr>
<tr><td>（2）建模中样板文件的设置需求</td><td>1</td></tr>
<tr><td colspan="2" rowspan="3">1-2　建模准备</td><td>（1）建模流程的设置与改进</td><td>1</td></tr>
<tr><td>（2）建模规则的解读与改进</td><td>1</td></tr>
<tr><td>（3）相关专业建模图纸的处理与问题反馈</td><td>1</td></tr>
<tr><td rowspan="6">2．模型创建与编辑</td><td colspan="2" rowspan="2">2-1　创建基准图元</td><td>（1）相关专业的标高、轴网等空间定位图元的创建</td><td>1</td></tr>
<tr><td>（2）基准图元的类型选择与创建</td><td>1</td></tr>
<tr><td rowspan="4">2-2　创建实体构件图元</td><td rowspan="4">A 建筑工程</td><td>（1）满足施工图设计及深化设计要求的建筑专业工程主体构件创建</td><td>20</td></tr>
<tr><td>（2）满足施工图设计及深化设计要求的建筑专业工程附属构件创建</td><td>12</td></tr>
<tr><td>（3）满足施工图设计及深化设计要求的结构专业工程主体构件创建</td><td>14</td></tr>
<tr><td>（4）满足施工图设计及深化设计要求的结构专业工程附属构件创建</td><td>12</td></tr>
</table>

续表

模块	课程		学习单元	课堂学时
2．模型创建与编辑	2-2 创建实体构件图元	B 机电工程	（1）满足施工图设计及深化设计要求的水系统各专业工程（给排水、消防水、空调水、采暖）管路构件创建	12
			（2）满足施工图设计及深化设计要求的水系统各专业工程（给排水、消防水、空调水、采暖）设备功能构件创建	8
			（3）满足施工图设计及深化设计要求的风系统各专业工程（通风、空调、防排烟）管路构件创建	12
			（4）满足施工图设计及深化设计要求的风系统各专业工程（通风、空调、防排烟）设备功能构件创建	8
			（5）满足施工图设计及深化设计要求的电气系统各专业工程（供配电、智能化、消防）管路构件创建	10
			（6）满足施工图设计及深化设计要求的电气系统各专业工程（供配电、智能化、消防）设备功能构件创建	8
		C 装饰装修工程	（1）满足施工图设计及深化设计要求的楼地面和门窗构件创建	10
			（2）满足施工图设计及深化设计要求的吊顶构件创建	10
			（3）满足施工图设计及深化设计要求的饰面构件创建	10
			（4）满足施工图设计及深化设计要求的幕墙构件创建	18
			（5）满足施工图设计及深化设计要求的厨房、卫生间、家具及其他装饰构件创建	10
		D 市政工程	（1）满足施工图设计及深化设计要求的道路路线工程专业构件创建	10
			（2）满足施工图设计及深化设计要求的桥涵工程专业构件创建	10
			（3）满足施工图设计及深化设计要求的隧道工程专业构件创建	10
			（4）满足施工图设计及深化设计要求的道路地下管网工程各专业构件创建	28

续表

模块	课程		学习单元	课堂学时
2．模型创建与编辑	2-2　创建实体构件图元	E 公路工程	（1）满足施工图设计及深化设计要求的公路路线工程专业构件创建	16
			（2）满足施工图设计及深化设计要求的公路桥涵工程专业构件创建	16
			（3）满足施工图设计及深化设计要求的公路隧道工程专业构件创建	14
			（4）满足施工图设计及深化设计要求的交通安全工程专业构件创建	12
		F 铁路工程	（1）满足施工图设计及深化设计要求的铁路站前工程各工程专业构件创建	34
			（2）满足施工图设计及深化设计要求的铁路站后工程各工程专业构件创建	24
	2-3　创建自定义参数化图元		（1）自定义参数图元的选择和辅助定位参数创建	1
			（2）自定义参数化构件添加、删除、更改的参数	1
			（3）将构件和图元的形体、尺寸、材质等信息与添加的自定义参数进行关联和参数调整	1
			（4）自定义参数化图元的保存、在项目模型中的使用	1
			（5）连接件的创建及其尺寸与构件参数的关联	1
3．模型更新与协同	3-1　模型更新		（1）模型数据的导入、导出，模型文件格式的转换	1
			（2）模型的更新与完善	1
	3-2　模型协同		（1）不同专业模型的链接方法；建模图纸的导入和链接；对链接的模型、图纸进行删除、卸载等链接管理	1
			（2）单专业模型、多专业模型的协同及整合	1
4．模型注释与视图创建	4-1　标注和标记		（1）标注的样式设定、创建与编辑	1
			（2）标记的样式设定、创建与编辑	1
	4-2　创建视图		（1）项目视图样板的定义	1
			（2）平面、立面、剖面视图显示的样式与参数的设置	1
			（3）三维视图显示的样式与参数的设置	1

续表

模块	课程	学习单元	课堂学时
5．成果输出	5-1　模型保存	成果类型、样式的保存（另存为）及建模软件成果文件类型的输出	1
	5-2　图纸创建	（1）图纸样板的创建	1
		（2）专业图纸规范的图层、线型、文字等内容设置	1
	5-3　效果展现	（1）模型渲染	1
		（2）模型漫游	1
	5-4　文档输出	（1）碰撞检查报告、实施方案、建模标准等技术文件的编制	1
		（2）建模类汇报资料的编制	1
6．培训与指导	6-1　培训	（1）对四级 / 中级的建模培训计划和方案的制定及实施	1
		（2）建模培训大纲和教材的编写	1
	6-2　指导	（1）对四级 / 中级建模准备、编制技术资料文件、梳理工作内容及要求的指导	1
		（2）对四级 / 中级的学习效果的评估	1
课堂学时合计			90

注：三级 / 高级专业的培训内容中，A、B、C、D、E、F 六个方向内容只需选择一个。

1.1.3　培训课程选择指导

职业基本素质培训课程为必修课程，相当于本职业的入门课程。各级别职业技能培训课程由培训机构教师根据培训学员实际情况，遵循高级别涵盖低级别的原则进行选择。

原则上，初入职的培训学员应学习职业基本素质培训课程和五级 / 初级职业技能培训课程的全部内容，有职业技能等级提升需求的培训学员，可按照国家职业技能标准的“鉴定要求”，对照自身需求选择更高等级的培训课程。

具有一定从业经验、无职业技能等级晋升要求的培训学员，可根据自身实际情况自主选择本职业培训课程体系。具体方法为：（1）选择课程模块；（2）在模块中筛选课程；（3）在课程中筛选学习单元；（4）组合成本次培训的课程内容。

培训教师可以根据以上方法对培训学员进行单独指导。对于订单培训，培训教师可以按照如上方法，对照订单需求进行培训课程的选择。

1.2 职业指南

1.2.1 职业描述

建筑信息模型技术员是指利用计算机软件进行工程实践过程中的模拟建造，以改进其全过程中工程实践的技术人员。

1.2.2 职业培训对象

建筑信息模型技术员职业培训的对象主要包括：城乡未继续升学的应届初高中毕业生、农村转移就业劳动者、城镇登记失业人员、转岗转业人员、退役军人、企业在职职工和高校毕业生等各类有培训需求的人员。

1.2.3 就业前景

建筑信息模型技术的应用与开发是基于建筑专业与信息技术专业跨界结合才能完成的任务，其所需要的建筑信息模型技术岗位也呈现出多专业复合型特点：要求同时掌握计算机专业建模设计能力与知识、施工管理与建筑信息模型技术操作能力与知识、物业运营与建筑信息模型技术信息运维能力与知识。因此，建筑信息模型技术人才代表全方位复合型人员，可胜任建筑模型生产、信息应用、专业分析、信息管理等多方面岗位的工作。

建筑信息化是建筑业发展趋势，随着信息化发展，大型企业应积极开发资源，看准发展趋势，将信息化作为推动行业发展的关键要素，大力推进建筑业信息化发展。建筑业信息化的发展需要大量信息化人才作为后备力量，既需要同时具备计算机编程与项目管理的双重技术能力的综合型人员，也需要掌握多专业建模和综合应用的建筑信息化实用性人才和从事项目管理、高层团队管理工作的项目管理人员。

1.3 培训机构设置指南

1.3.1 师资配备要求

（1）培训教师任职基本条件

培训五级 / 初级、四级 / 中级、三级 / 高级建筑信息模型技术员的教师应具有本职业三级 / 高级及以上级别职业技能等级证书或相关专业中级及以上专业技术职务任职资格。

（2）培训教师数量要求（以 30 人培训班为基准）

专业课教师：2 人以上（含 2 人）；培训规模超过 40 人的，按教师与学员之比不低于 1∶20 配备教师。

1.3.2 培训场所设备配置要求

培训场所设备配置要求如下（以 30 人培训班为基准）：

（1）理论知识培训场所设备配置要求：60 平方米以上标准教室，多媒体教学设备（高配台式机、投影仪、幕布或显示屏、百兆网络及接入设备、音响设备），黑（白）板，30 套以上电脑桌及椅，一台模型整合工作站，符合照明、通风、安全等相关规定。

（2）建模技能培训场所设备配置要求：每位学员一个操作工位，配备能运行培训所用建筑信息模型主流工具软件和电脑硬件建模操作环境（软、硬件系统配置要求详见表 1–3–1 至表 1–3–3），设备设施配套齐全，符合环保、劳保、安全、卫生、消防、通风和照明等相关规定及安全规程。

其中：建筑信息模型技术员（五级 / 初级、四级 / 中级、三级 / 高级）培训场所应具备教师演示和学员练习两个功能，包括教师演示操作等功能区和学员练习功能区。

技能培训用具设备及其他物品、材料等配置要求如下：

（1）建筑信息软件应具有的主要功能见表 1–3–1。

表 1-3-1　建筑信息软件功能

功能名称	功能要求
各专业建模	建筑、机电、装饰装修、市政、公路、铁路等专业工程的模型建立、并符合国际通用 IFC 交换标准
多专业建筑信息集成应用平台	前期多专业模型集成实施设计优化，并通过渲染、漫游、施工措施、施工进度、成本数据等关联完成施工模拟；中期能进行技术交底、进度、质量、安全等指导施工，并能编辑、维护施工过程信息；后期利用建筑信息模型指导项目运行和维护

（2）硬件系统的配置标准见表 1-3-2、表 1-3-3。

表 1-3-2　工作站

名称	型号
CPU	Intel® Xeon® E5-2670V3
主板	匹配主板
显卡	不低于 NVIDIA® Quadro® M6000
内存	32 GB 服务器内存
机械硬盘	2 TB 机械硬盘
固态硬盘	512 GB 固态硬盘
机箱	P900 机箱
显示器	不小于 17 英寸
电源	额定 1 120 W

表 1-3-3　高配台式机

名称	型号
CPU	i7-6700K
主板	Q10 自带
显卡	不低于 NVIDIA GTX 1050TI
内存	32 GB 内存
机械硬盘	1 TB 机械硬盘
固态硬盘	512 GB 固态硬盘
机箱	常规机箱
显示器	专业级 P2314H
电源	额定 610 W

1.3.3 教学资料配备要求

（1）培训规范：《建筑信息模型技术员国家职业技能标准》《建筑信息模型技术员职业基本素质培训要求》《建筑信息模型技术员职业技能培训要求》《建筑信息模型技术员职业基本素质培训课程规范》《建筑信息模型技术员职业技能培训考核规范》《建筑信息模型技术员职业技能培训要求与课程规范对照表》。

（2）教学资源、教材教辅、网络资源等内容必须符合“（1）培训规范”。

1.3.4 管理人员配备要求

（1）专职校长：1 人，应具有大专及以上文化程度、中级及以上专业技术职务任职资格，从事职业技术教育及教学管理工作 5 年以上，熟悉职业培训的有关法律法规。

（2）教学管理人员：专职不少于 1 人；应具有大专及以上文化程度、中级及以上专业技术职务任职资格，从事职业技术教育及教学管理工作 5 年以上，具有丰富的教学管理经验。

（3）办公室人员：专职不少于 1 人，应具有大专及以上文化程度。

（4）财务管理人员：2 人，应具有大专及以上文化程度。

1.3.5 管理制度要求

应建立健全完备的管理制度，包括办学章程与发展规划、教学管理、教师管理、学员管理、财务管理、设备管理等制度。

2

课程包

2.1 培训要求

2.1.1 职业基本素质培训要求

职业基本素质模块	培训内容	培训细目
1. 职业认知与职业道德	1-1 职业认知	(1) 建筑信息模型技术员简介 (2) 建筑信息模型技术员的工作内容
	1-2 职业道德基本知识	(1) “四德”建设的主要内容 (2) 社会主义核心价值观 (3) 职业道德修养 (4) 建筑信息模型技术员职业道德规范
	1-3 职业守则	建筑信息模型技术员职业守则
2. 制图基本知识	2-1 制图国家标准	(1) 图纸幅面规格与图纸排列顺序 (2) 图线 (3) 字体 (4) 比例 (5) 常用符号 (6) 常用建筑材料图例
	2-2 投影表示方法	(1) 正投影 (2) 轴测投影 (3) 透视投影
	2-3 工程图识读方法	(1) 识读建筑施工图 (2) 识读结构施工图 (3) 识读设备施工图
3. 建筑信息模型基础知识	3-1 建筑信息模型概念及应用现状	(1) 建筑信息模型的概念 (2) 建筑信息模型在全球的发展情况 (3) 建筑信息模型在我国的应用现状
	3-2 建筑信息模型特点、作用和价值	(1) 建筑信息模型的特征 (2) 建筑信息模型的作用和价值
	3-3 建筑信息模型应用软硬件及分类	(1) 建筑信息模型的应用软件 (2) 建筑信息模型技术应用电脑配置选型
	3-4 项目各阶段建筑信息模型应用	(1) 规划阶段建筑信息模型应用 (2) 设计阶段建筑信息模型应用 (3) 施工阶段建筑信息模型应用 (4) 运维阶段建筑信息模型应用

续表

职业基本素质模块	培训内容	培训细目
3．建筑信息模型基础知识	3-5　建筑信息模型应用工作组织和流程	（1）建筑信息模型应用工作组织 （2）建筑信息模型应用工作流程
4．相关法律、法规知识	4-1　法律法规	（1）《中华人民共和国劳动法》 （2）《中华人民共和国劳动合同法》 （3）《中华人民共和国建筑法》 （4）《中华人民共和国招标投标法》 （5）《中华人民共和国经济合同法》
	4-2　规范标准	（1）《建筑信息模型应用统一标准》 （2）《建筑信息模型设计交付标准》 （3）《建筑信息模型施工应用标准》 （4）《建筑信息模型分类和编码标准》 （5）《民用建筑设计统一标准》 （6）《建筑设计防火规范》 （7）《无障碍设计规范》 （8）《住宅设计规范》 （9）《公共建筑节能设计标准》 （10）《工程建设标准强制性条文：房屋建筑部分》 （11）《智能建筑设计标准》

2.1.2　五级 / 初级职业技能培训要求

职业功能模块	培训内容	技能目标	培训细目
1．项目准备	1-1　建模环境设置	1-1-1　能根据实际项目要求区分不同类型的建筑信息模型软件	（1）项目实际需求的识别 （2）不同类型的建筑信息模型软件的区分
		1-1-2　能识别建筑信息模型软件的授权及注册情况	建筑信息模型软件的授权及注册情况的识别
	1-2　建模准备	1-2-1　能应用已设置好的模型视图及视图样板	已设置好的模型视图及视图样板的应用
		1-2-2　能解读实施方案并及时反馈问题	（1）实施方案的解读 （2）及时反馈实施方案的问题
		1-2-3　能解读建模规则并及时反馈问题	（1）建模规则的解析 （2）及时反馈建模规则中的问题

续表

职业功能模块	培训内容	技能目标	培训细目
2．模型浏览与编辑	2-1　模型浏览	2-1-1　能在平面、立面、剖面、三维等视图进行模型查看	（1）在平面视图进行模型查看 （2）在立面视图进行模型查看 （3）在剖面视图进行模型查看 （4）在三维视图进行模型查看
		2-1-2　能对整体或局部模型进行转动、平移、缩放、剖切等操作	（1）对整体或局部模型进行转动操作 （2）对整体或局部模型进行平移操作 （3）对整体或局部模型进行缩放操作 （4）对整体或局部模型进行剖切操作
		2-1-3　能通过不同的视点浏览模型	不同视点模型的浏览
		2-1-4　能隐藏、隔离模型构件	（1）模型构件的隐藏 （2）模型构件的隔离
		2-1-5　能整合、查看链接的各专业模型	（1）各专业模型的整合 （2）整合模型中各专业链接模型的查看
	2-2　模型编辑	2-2-1　能查看模型中各类图元的属性	模型中各类图元属性的查看
		2-2-2　能在模型中的各类图元进行移动、复制、旋转、镜像、删除等操作	（1）模型中的各类图元进行移动操作 （2）模型中的各类图元进行复制操作 （3）模型中的各类图元进行旋转操作 （4）模型中的各类图元进行镜像操作 （5）模型中的各类图元进行删除操作
		2-2-3　能调整项目信息、项目单位等参数	项目信息、项目单位等参数的调整
3．模型注释	3-1　模型标注	3-1-1　能查看模型的不同类型标注，如长度、角度、高程等	不同类型标注的查看
		3-1-2　能对长度、角度、高程等进行简单标注	（1）长度的简单标注 （2）角度的简单标注 （3）高程的简单标注

续表

职业功能模块	培训内容	技能目标	培训细目
3．模型注释	3-1　模型标注	3-1-3　能调整标注的显示样式（如字体、大小、颜色等）	标注显示样式的调整
	3-2　模型标记	3-2-1　能查看模型的不同类型标记与注释	（1）查看模型的不同类型标记 （2）查看模型的不同类型注释
		3-2-2　能完成模型构件添加注释和云线标记等操作	模型构件注释和云线标记的添加
4．平台应用与管理	4-1　资料管理	4-1-1　能通过平台客户端或移动端上传、下载资料文件	（1）资料文件通过平台客户端或移动端上传 （2）资料文件通过平台客户端或移动端下载
		4-1-2　能通过平台客户端或移动端查看资料文件	资料文件通过平台客户端或移动端查看
		4-1-3　能新建文件夹，进行文件层级管理	（1）文件夹的新建 （2）文件夹的层级管理
	4-2　模型管理	4-2-1　能通过平台客户端或移动端查看模型及模型构件属性	模型及模型构件属性通过平台客户端或移动端查看
		4-2-2　能通过平台客户端或移动端进行模型的转动、平移、缩放、剖切等操作	（1）通过平台客户端或移动端进行模型的转动 （2）通过平台客户端或移动端进行模型的平移 （3）通过平台客户端或移动端进行模型的缩放 （4）通过平台客户端或移动端进行模型的剖切
		4-2-3　能通过平台客户端或移动端测量及标注模型	通过平台客户端或移动端进行模型的测量及标注
		4-2-4　能通过平台客户端或移动端按报审流程提交模型	通过平台客户端或移动端按报审流程进行模型提交
	4-3　进度管理	4-3-1　能导入进度计划至平台中	平台中进度计划的导入
		4-3-2　能利用平台将进度计划与模型进行关联	利用平台将进度计划与模型进行关联

续表

职业功能模块	培训内容	技能目标	培训细目
4．平台应用与管理	4-4　成本管理	4-4-1　能在平台中导入造价信息	平台中造价信息的导入
		4-4-2　能利用平台将造价信息与模型进行关联	利用平台将造价信息与模型进行关联
	4-5　质量管理	4-5-1　能通过文字、图片、语音、视频、附件和其关联的模型构件对质量问题进行描述	通过文字、图片、语音、视频、附件和其关联的模型构件对质量问题进行描述
		4-5-2　能通过移动端将现场发现的质量问题上传至平台	通过移动端将现场发现的质量问题上传至平台
	4-6　安全管理	4-6-1　能通过文字、图片、语音、视频、附件和其关联的模型构件对安全问题进行描述	通过文字、图片、语音、视频、附件和其关联的模型构件对安全问题进行描述
		4-6-2　能通过移动端对现场发现的安全问题上传至平台	通过移动端对现场发现的安全问题上传至平台
5．成果输出	5-1　模型保存	5-1-1　能使用建筑信息模型集成应用平台和建模软件打开模型文件	（1）在建筑信息模型集成应用平台打开模型文件 （2）用建模软件打开模型文件
		5-1-2　能使用建筑信息模型集成应用平台和建模软件保存模型文件	使用建模软件进行模型文件的保存
		5-1-3　能使用建筑信息模型集成应用平台和建模软件输出不同格式的模型成果文件	使用建筑信息模型集成应用平台和建模软件进行不同格式的模型成果文件的输出
	5-2　图纸创建	5-2-1　能对建模软件创建的图纸进行查看	图纸的查看
		5-2-2　能对查看的图纸进行保存	图纸的保存
		5-2-3　能在模型内对创建的图纸重新命名及备注信息	（1）在模型内对创建的图纸重新命名 （2）在模型内对创建的图纸备注信息

续表

职业功能模块	培训内容	技能目标	培训细目
5．成果输出	5-3　效果展现	5-3-1　能直接查看渲染图或漫游视频文件	（1）使用建筑信息模型软件打开已完成的渲染 （2）对漫游文件进行局部细节查看
		5-3-2　能使用建筑信息模型软件打开已完成的渲染或漫游文件进行局部细节查看	（1）项目实际需求的识别 （2）不同类型的建筑信息模型软件的区分

2.1.3　四级 / 中级职业技能培训要求

职业功能模块	培训内容	技能目标	培训细目
1．项目准备	1-1　建模环境设置	1-1-1　能安装建模软件	软件的安装
		1-1-2　能按照建筑信息模型建模软件的授权使用情况进行配置	（1）软件的注册 （2）软件的卸载 （3）软件安装、注册、卸载的常见问题排除
		1-1-3　能选择并使用建筑信息模型建模软件中的样板文件	（1）项目样板的选择 （2）自定义项目样板
		1-1-4　能使用建筑信息模型建模软件添加项目信息	项目信息的编辑
		1-1-5　能使用建筑信息模型建模软件设置项目基本参数	项目参数的设置
		1-1-6　能使用建筑信息模型建模软件设置单位及比例	项目单位的编辑
		1-1-7　能使用建筑信息模型建模软件设置基准点	坐标系共享
	1-2　建模准备	1-2-1　能识别项目建模流程	项目建模的应用流程
		1-2-2　能按照建模规则确定建模精细度和建模协同方式	（1）出图标准的统一 （2）模型精度的统一
		1-2-3　能识别并整理所需的建模图纸	（1）模型链接 （2）协同运用需求设定 （3）项目浏览器的设置与应用

续表

职业功能模块	培训内容	技能目标	培训细目
2. 模型创建与编辑	2-1 基准图元的创建	2-1-1 能绘制标高和轴网	（1）标高和轴网的绘制 （2）标高的手工绘制与利用修改面板工具的快速绘制 （3）标高的尺寸标注 （4）轴网的手工绘制与快速绘制方法 （5）轴网的尺寸标注
		2-1-2 能修改标高和轴网	（1）标高的对齐、标头、线性的修改设置 （2）轴网的编辑
		2-1-3 能绘制参照平面和参照线	（1）参照平面的创建 （2）参照线的创建
		2-1-4 能设置工作平面	（1）工作平面的设置 （2）工作平面的显示
	2-2 建筑墙体、门窗与幕墙、楼板与屋顶等建筑图元的创建	2-2-1 能创建墙体	（1）墙体的创建 （2）墙体的参数设置
		2-2-2 能创建门	（1）门的创建 （2）门的参数设置
		2-2-3 能创建窗	（1）窗的创建 （2）窗的参数设置
		2-2-4 能创建幕墙	（1）幕墙的创建 （2）幕墙的参数设置
		2-2-5 能创建楼板	（1）楼板的创建 （2）楼板的参数设置
		2-2-6 能创建屋顶	（1）屋顶的创建 （2）屋顶的参数设置
	2-3 柱、梁、板、基础等结构构件的创建	2-3-1 能创建柱	（1）柱的创建 （2）柱的参数设置
		2-3-2 能创建梁	（1）梁的创建 （2）梁的参数设置
		2-3-3 能创建板	（1）板的创建 （2）板的参数设置
		2-3-4 能创建基础	（1）基础的创建 （2）基础的参数设置

续表

职业功能模块	培训内容	技能目标	培训细目
2．模型创建与编辑	2-4　栏杆、扶手、楼梯、洞口和坡道的创建与编辑	2-4-1　能创建栏杆与扶手	（1）栏杆与扶手的创建 （2）栏杆与扶手的参数设置
		2-4-2　能创建楼梯	（1）楼梯的创建 （2）楼梯的参数设置
		2-4-3　能创建洞口	（1）洞口的创建 （2）洞口的参数设置
		2-4-4　能创建坡道	（1）坡道的创建 （2）坡道的参数设置
	2-5　模型浏览	2-5-1　能过滤、筛分构件并浏览各类构件模型	（1）过滤、筛分构件 （2）浏览各类构件模型
		2-5-2　能设置切换多窗口形式浏览并对比模型	视图窗口切换
		2-5-3　能通过视觉样式、详细程度及视图样板的应用，控制模型的显示样式	（1）详细程度设置 （2）视觉样式设置 （3）临时隐藏 / 隔离设置 （4）图元显示 / 隐藏设置 （5）控制图元选择的选项设置
	2-6　模型编辑	2-6-1　能对模型中的各类图元进行对齐、偏移、修剪、延伸、拆分等操作	图元的常规修改
		2-6-2　能正确调整模型中各类图元的连接关系	（1）几何图形的剪切与连接 （2）几何图形的拆分与填色
		2-6-3　能对不同墙体属性进行编辑与修改	墙体的属性编辑与修改
		2-6-4　能对门窗属性进行编辑与修改	门窗的属性编辑与修改
		2-6-5　能对幕墙属性进行编辑与修改	幕墙的属性编辑与修改
		2-6-6　能对楼板属性进行编辑与修改	楼板的属性编辑与修改
		2-6-7　能对屋顶属性进行编辑与修改	屋顶的属性编辑与修改

续表

职业功能模块	培训内容	技能目标	培训细目
3．模型注释与视图创建	3-1　标注	3-1-1　能使用建模软件创建不同类型的标注（如长度、角度、高程等）	不同类型尺寸标注的创建
		3-1-2　能使用建模软件对不同标注类型样式进行编辑与修改（如图形、文字等）	（1）尺寸标注文字的编辑 （2）标注类型的修改 （3）线段尺寸标注引线的可见性 （4）临时标注与永久标注的转换 （5）自动尺寸标注选项
	3-2　标记	3-2-1　能使用建模软件对构件类别进行标记	构件的标记
		3-2-2　能使用建模软件对构件材质进行标记	材质的标记
		3-2-3　能使用建模软件对构件属性进行标记	属性的标记
		3-2-4　使能用建模软件对构件添加文字注释	文字的注释
		3-2-5　能使用建模软件对构件添加详图注释	详图的注释
	3-3　创建视图	3-3-1　能使用和编辑视图样板	视图样板的管理
		3-3-2　能创建三维视图	三维视图的添加
		3-3-3　能创建平面视图	平面视图的添加
		3-3-4　能创建立面视图	立面视图的添加
		3-3-5　能创建剖面视图	剖面视图的添加
4．成果输出	4-1　模型保存	4-1-1　能根据模型文件版本选择合适版本的建筑信息模型软件打开模型	项目文件的打开
		4-1-2　能按照建模规则及成果要求使用建筑信息模型软件保存模型文件	（1）项目模型文件的格式识别 （2）项目文件的保存与另存为操作
		4-1-3　能按照成果要求使用建筑信息模型软件输出不同格式的成果文件	（1）项目文件的导出 （2）项目文件的打印 （3）视图样板的设置

续表

职业功能模块	培训内容	技能目标	培训细目
4. 成果输出	4-2　图纸创建	4-2-1　能对视图进行设置并合理布置图纸，使之满足专业图纸规范	图纸创建
		4-2-2　能设置图纸中的图层、线型、文字等内容	图框信息的编辑
		4-2-3　能使用建模软件修改及添加图框	视图范围编辑
		4-2-4　能设置图纸的显示范围、显示内容	（1）图纸视图可见性设置 （2）图纸显示内容设置
		4-2-5　能创建并优化各种构件的平、立、剖、大样图对图纸进行属性信息设置、添加图号等操作	（1）各种构件的平、立、剖、大样图的创建 （2）优化各种构件图纸的表达 （3）各种构件图纸属性信息设置、添加图号等的操作
		4-2-6　能输出、打印、保存图纸	（1）图纸输出 （2）图纸打印 （3）图纸保存
	4-3　明细表的统计	4-3-1　能区分不同类型的信息明细表	不同类型信息明细表的识别
		4-3-2　能创建构件属性表，将模型中的构件属性提取后并以表格的形式进行显示	（1）构件明细表的创建 （2）构件明细表的显示
		4-3-3　能对构件属性表进行编辑与修改	（1）关键字明细表的创建 （2）多类别明细表的创建
		4-3-4　能在图纸中布置构件属性表	明细表中各功能的详细设置
		4-3-5　能导出信息明细表	明细表的导出
	4-4　效果展现	4-4-1　能给各建筑构件赋予材质属性、外观色彩属性	（1）各建筑构件材质属性赋予 （2）各建筑构件外观色彩属性赋予
		4-4-2　能使用建筑信息模型软件对模型成果进行渲染及漫游	（1）渲染视口的创建 （2）渲染的设置 （3）漫游相机的设置 （4）漫游路径的设置
		4-4-3　能使用建筑信息模型软件输出渲染及漫游成果	漫游视频动画的输出

2.1.4 三级 / 高级职业技能培训要求

职业功能模块	培训内容		技能目标	培训细目
1．项目准备	1-1 建模环境设置		1-1-1 能根据建模要求选择合适的软硬件设备	根据建模要求进行软硬件设备的选择
			1-1-2 能解决建筑信息模型建模软件安装过程中的问题	（1）建筑信息模型建模软件的安装 （2）建筑信息模型建模软件安装中问题的解决
			1-1-3 能完成建模中的样板文件提出设置需求	（1）项目样板包含的内容设定 （2）项目样板设置需求的提出
	1-2 建模准备		1-2-1 能针对建模流程提出改进建议	（1）交付成果要求的解读 （2）建模流程应用建议
			1-2-2 能解读建模规则并提出改进建议	（1）建模规则的解读 （2）建模规则的改进
			1-2-3 能对相关专业的建模图纸进行处理并反馈图纸问题	（1）相关专业建模图纸的处理方法 （2）相关专业建模图纸的问题反馈方式
2．模型创建与编辑	2-1 创建基准图元		2-1-1 能根据各个专业的需求，创建符合要求的标高、轴网等空间定位图元	（1）标高、轴网等空间定位图元 （2）依据建模规则的要求创建标高、轴网等空间定位图元
			2-1-2 能根据创建自定义构件库的需求，熟练使用参照点、参照线、参照平面等参照图元创建基准图元，实现自定义构件的参数化	（1）基准图元的类型选择 （2）基准图元的创建
	2-2 创建实体构件图元	A 建筑工程	2-2-1 能使用建模软件创建建筑专业主体构件，如墙体、幕墙、建筑柱、屋顶、楼板、楼梯、预制内墙板等，精度满足施工图设计及深化设计要求	（1）墙体构件创建 （2）幕墙构件创建 （3）建筑柱构件创建 （4）屋顶构件创建 （5）楼板构件创建 （6）楼梯构件创建 （7）预制内墙板构件创建

续表

职业功能模块	培训内容		技能目标	培训细目
2. 模型创建与编辑	2-2 创建实体构件图元	A 建筑工程	2-2-2 能使用建模软件创建建筑专业附属构件，如门窗、坡道、台阶、栏杆、扶手、排水沟、集水坑等，精度满足施工图设计及深化设计要求	（1）门窗构件创建 （2）坡道构件创建 （3）台阶构件创建 （4）栏杆构件创建 （5）扶手构件创建 （6）排水沟构件创建 （7）集水坑构件创建
			2-2-3 能使用建模软件创建结构专业主体构件，如结构柱、墙、梁、板、基础、承台、桁架、网壳、预制楼梯、预制叠合板等，精度满足施工图设计及深化设计要求	（1）结构柱构件创建 （2）墙构件创建 （3）梁构件创建 （4）板构件创建 （5）基础构件创建 （6）桁架构件创建 （7）网壳构件创建 （8）预制楼梯构件创建 （9）预制叠合板构件创建
			2-2-4 能使用建模软件创建结构专业附属构件，如钢筋、预留孔洞、定制结构构件等，精度满足施工图设计及深化设计要求	（1）钢筋构件创建 （2）预留孔洞构件创建 （3）其他定制结构构件创建
		B 机电工程	2-2-1 能使用建模软件创建水系统（给排水、消防水、空调水、采暖）管路构件，如管道、弯头、变径、连接件、三通、四通、水泵、阀门、仪表、喷头等，精度满足施工图设计及深化设计要求	（1）给排水系统管路构件，如管道、弯头、变径、连接件、三通、四通、水泵、阀门、仪表、喷头等构件创建 （2）消防水系统管路构件，如管道、弯头、变径、连接件、三通、四通、水泵、阀门、仪表、喷头等构件创建 （3）空调水系统管路构件，如管道、弯头、变径、连接件、三通、四通、水泵、阀门、仪表、喷头等构件创建 （4）采暖系统管路构件，如管道、弯头、变径、连接件、三通、四通、水泵、阀门、仪表、喷头等构件创建

续表

职业功能模块	培训内容		技能目标	培训细目
2. 模型创建与编辑	2-2 创建实体构件图元	B 机电工程	2-2-2 能使用建模软件创建水系统（给排水、消防水、空调水、采暖）功能构件，如卫浴设施、水箱、热水器、换热器、雨水口、地漏、消火栓、水泵接合器、喷头、冷却塔、冷水机组等，精度满足施工图设计及深化设计要求	（1）给排水系统功能构件，如卫浴设施、水箱、热水器、换热器、雨水口、地漏、喷头等构件创建 （2）消防水系统功能构件，如消火栓、水泵接合器、喷头等构件创建 （3）空调水系统功能构件，如换热器、冷却塔、冷水机组等构件创建 （4）采暖系统功能构件，如换热器等构件创建
			2-2-3 能使用建模软件创建风系统（通风、空调、防排烟）管路构件，如风管、弯头、变径、连接件、三通、四通、变形连接件等，精度满足施工图设计及深化设计要求	（1）通风管路构件，如风管、弯头、变径、连接件、三通、四通、变形连接件等构件创建 （2）空调管路构件，如风管、弯头、变径、连接件、三通、四通、变形连接件等构件创建 （3）防排烟管路构件，如风管、弯头、变径、连接件、三通、四通、变形连接件等构件创建
			2-2-4 能使用建模软件创建风系统（通风、空调、防排烟）功能构件，如风机、静压箱、消声器、风扇、空气过滤器、空调机组、多联机、风机盘管、风阀、风口、百叶等，精度满足施工图设计及深化设计要求	（1）通风功能构件，如风机、静压箱、消声器、风扇、空气过滤器、风机盘管、风阀、风口、百叶等构件创建 （2）空调功能构件，如风机、消声器、风扇、空气过滤器、空调机组、多联机、风机盘管、风阀、空调风口等构件创建 （3）防排烟功能构件，如风机、风扇、风管、风阀、风口等构件创建
			2-2-5 能使用建模软件创建电气系统（供配电、智能化、消防）管路构件，如桥架、线管、导线以及对应的弯头、变径、连接件、三通、四通、接线盒等，精度满足施工图设计及深化设计要求	（1）供配电管路构件，如桥架、线管、导线以及对应的弯头、变径、连接件、三通、四通、接线盒等构件创建 （2）智能化管路构件，如线管、导线以及连接件、接线端等构件创建 （3）消防管路构件，如线管、导线以及对应的弯头、变径、连接件、三通、四通、接线盒等构件创建

续表

职业功能模块	培训内容		技能目标	培训细目
2．模型创建与编辑	2-2 创建实体构件图元	B 机电工程	2-2-6 能使用建模软件创建电气系统（供配电、智能化、消防）功能构件，如电气机柜、变压器、配电箱、灯具、插座、开关、线管、线管配件、电缆桥架、电缆桥架配件、电缆、传感器、控制器等，精度满足施工图设计及深化设计要求	（1）供配电功能构件，如电气机柜、变压器、配电箱、灯具、插座、开关、线管、线管配件、电缆桥架、电缆桥架配件、电缆、控制器等构件创建 （2）智能化功能构件，如电气机柜、变压器、开关、线管、线管配件、电缆、广播、传感器、控制器等构件创建 （3）消防功能构件，如喷淋、烟感、传感器、控制器等构件创建
		C 装饰装修工程	2-2-1 能使用建模软件创建楼地面和门窗构件，如整体面层、块料面层、木地板、楼梯踏步、踢脚板、成品门窗套、成品门窗安装构造等，精度满足施工图设计及深化设计要求	（1）楼地面构件，如整体面层、块料面层、木地板、楼梯踏步、踢脚板等构件创建 （2）门窗构件，如成品门窗套、成品门窗安装构造等构件创建
			2-2-2 能使用建模软件创建吊顶构件，如纸面石膏板、金属板、木质吊顶、吊顶伸缩缝、阴角凹槽构造、检修口等，精度满足施工图设计及深化设计要求	（1）吊顶构件，如纸面石膏板、金属板、木质吊顶、检修口等构件创建 （2）吊顶伸缩缝、阴角凹槽构造等构件创建
			2-2-3 能使用建模软件创建饰面构件，如轻质隔墙饰面板、纸面石膏板、木龙骨木饰面板、玻璃隔墙、活动隔墙、壁纸壁布、各类饰面材料与设备设施安装收口等，精度满足施工图设计及深化设计要求	（1）饰面构件，如轻质隔墙饰面板、纸面石膏板、木龙骨木饰面板、玻璃隔墙、活动隔墙、壁纸壁布等构件创建 （2）各类饰面材料与设备设施安装收口等构造创建
			2-2-4 能使用建模软件创建幕墙构件，如玻璃幕墙、石材幕墙、金属幕墙、玻璃雨檐、天窗、幕墙与设备设施安装收口等，精度满足施工图设计及深化设计要求	（1）幕墙构件，如玻璃幕墙、石材幕墙、金属幕墙、玻璃雨檐、天窗等构件创建 （2）幕墙构件与设备设施安装收口等构造创建

续表

职业功能模块	培训内容		技能目标	培训细目
2. 模型创建与编辑	2-2 创建实体构件图元	C 装饰装修工程	2-2-5 能使用建模软件创建厨房、卫生间、家具及其他装饰构件，如淋浴房、洗脸盆、坐便器、地漏、厨房橱柜、抽油烟机、固定家具、活动家具、各类装饰线条等，精度满足施工图设计及深化设计要求	（1）厨房构件，如地漏、厨房橱柜、抽油烟机等构件创建 （2）卫生间构件，如淋浴房、洗脸盆、坐便器、地漏等构件创建 （3）家具及其他装饰构件，如固定家具、活动家具、各类装饰线条等构件创建
		D 市政工程	2-2-1 能使用建模软件创建道路工程模型构件，如机动车道、非机动车道、人行道、挡墙、护栏、雨水口、标志标线、标牌等，精度满足施工图设计及深化设计要求	（1）道路工程机动车道、非机动车道、人行道等构件创建 （2）道路工程挡墙、护栏、雨水口、标志标线、标牌等构件创建
			2-2-2 能使用建模软件创建道路桥梁工程构件，如桩、承台、立柱、盖梁、箱梁、钢梁、支座、垫石、伸缩缝等，精度满足施工图设计及深化设计要求	（1）道路桥梁工程构件，如桩、承台、立柱等构件创建 （2）道路桥梁工程构件盖梁、箱梁、钢梁等构件创建 （3）道路桥梁工程构件支座、垫石、伸缩缝等构件创建
			2-2-3 能使用建模软件创建道路隧道工程构件，如坡面防护结构、洞口防排水、隧道内防排水、洞门结构、明洞结构、支护、衬砌、隧道基底等，精度满足施工图设计及深化设计要求	（1）道路隧道工程构件，如坡面防护结构、洞门结构、明洞结构、支护、衬砌、隧道基底等构件创建 （2）道路隧道工程构件，如洞口防排水、隧道内防排水等构件创建
			2-2-4 能使用建模软件创建地下管网模型构件，如给水管道、雨水管道、污水管道、消	（1）地下管网给水管道工程的构件创建 （2）地下管网雨水管道工程的构件创建 （3）地下管网污水管道工程的构件创建 （4）地下管网消防水管道工程的构件创建

续表

职业功能模块	培训内容		技能目标	培训细目
2. 模型创建与编辑	2-2 创建实体构件图元	D 市政工程	防水管道、燃气管道、电力管道、通信管道等，精度满足施工图设计及深化设计要求	（5）地下管网燃气管道工程的构件创建 （6）地下管网电力管道工程的构件创建 （7）地下管网通信管道工程的构件创建
		E 公路工程	2-2-1 能使用建模软件创建公路路线工程模型构件，如路堤、路垫、边坡、垫层、基层、面层、排水沟、边沟等，精度满足施工图设计及深化设计要求	（1）公路路线工程模型构件，如路堤、路垫、边坡、垫层、基层、面层等构件创建 （2）公路路线工程模型构件，如排水沟、边沟等构件创建
			2-2-2 能使用建模软件创建公路桥涵工程模型构件，如桩、承台、立柱、盖梁、箱梁、钢梁、支座、垫石、伸缩缝等，精度满足施工图设计及深化设计要求	（1）道路桥梁工程构件，如桩、承台、立柱等构件创建 （2）道路桥梁工程构件盖梁、箱梁、钢梁等构件创建 （3）道路桥梁工程构件支座、垫石、伸缩缝等构件创建
			2-2-3 能使用建模软件创建公路隧道工程模型构件，如坡面防护结构、洞口防排水、隧道内防排水、洞门结构、明洞结构、支护、衬砌、隧道基底等，精度满足施工图设计及深化设计要求	（1）公路隧道工程构件，如坡面防护结构、洞门结构、明洞结构、支护、衬砌、隧道基底等构件创建 （2）公路隧道工程构件，如洞口防排水、隧道内防排水等构件创建
			2-2-4 能使用建模软件创建交通安全构件，如标线、标志、标牌、红绿灯、护栏、路灯、人行横道等，精度满足施工图设计及深化设计要求	公路交通安全构件，如标线、标志、标牌、红绿灯、护栏、路灯、人行横道等构件创建

续表

职业功能模块	培训内容		技能目标	培训细目
2. 模型创建与编辑	2-2 创建实体构件图元	F 铁路工程	2-2-1 能使用建模软件创建铁路站前工程各专业工程模型构件，如组成线路、桥梁、隧道、路基、站场、轨道等，精度满足施工图设计及深化设计要求	（1）铁路站前工程的组成线路专业的模型构件创建 （2）铁路站前工程的桥梁专业工程的模型构件创建 （3）铁路站前工程的隧道专业工程的模型构件创建 （4）铁路站前工程的路基专业工程的模型构件创建 （5）铁路站前工程的站场专业工程的模型构件创建 （6）铁路站前工程的轨道专业工程的模型构件创建
			2-2-2 能使用建模软件创建铁路站后工程各专业工程模型构件，如组成接触网、牵引变电、电力、通信、信号、信息、自然灾害及异物侵限监测、土地利用、景观、综合维修工务设备、给排水、机务、车辆设备等，精度满足施工图设计及深化设计要求	（1）铁路站后工程的组成接触网专业工程的模型构件创建 （2）铁路站后工程的牵引变电专业工程的模型构件创建 （3）铁路站后工程的电力专业工程的模型构件创建 （4）铁路站后工程的通信专业工程的模型构件创建 （5）铁路站后工程的信号专业工程的模型构件创建 （6）铁路站后工程的信息专业工程的模型构件创建 （7）铁路站后工程的自然灾害及异物侵限监测专业工程的模型构件创建 （8）铁路站后工程的土地利用专业工程的模型构件创建 （9）铁路站后工程的景观专业工程的模型构件创建 （10）铁路站后工程的综合维修工务设备专业工程的模型构件创建 （11）铁路站后工程的给排水专业工程的模型构件创建 （12）铁路站后工程的机务专业工程的模型构件创建 （13）铁路站后工程的车辆设备专业工程的模型构件创建

续表

职业功能模块	培训内容	技能目标	培训细目
2．模型创建与编辑	2-3 创建自定义参数化图元	2-3-1 能根据所需要参数化的构件用途选择和定义图元的类型	图元类型的选择和定义
		2-3-2 能创建用于辅助参数定位所需要的参考点、参考线、参考平面等参照图元	（1）参考点的创建 （2）参考线的创建 （3）参考平面的创建
		2-3-3 能运用参数化建模命令创建局部构件图元	运用参数化建模命令创建局部构件图元
		2-3-4 能对自定义参数化构件添加合适的参数	自定义参数化构件参数的添加
		2-3-5 能删除自定义参数化构件参数	参数化构件参数的删除
		2-3-6 能将构件的形体、尺寸、材质等信息与添加的自定义参数进行关联	构件的形体尺寸、材质等信息与添加的自定义参数的关联
		2-3-7 能根据图元形体、尺寸、材质等的变化，重新设置参数并调整参数值	（1）图元形体、尺寸、材质等参数变化的重新设置 （2）图元形体、尺寸、材质等参数变化的调整
		2-3-8 能将创建好的自定义参数化图元进行保存	自定义参数化图元的保存
		2-3-9 能在项目模型中使用调整好参数的自定义参数化图元	项目模型中自定义图元的调用
		2-3-10 能在正确的位置创建相应的连接件，并使其尺寸与构件参数关联	（1）连接件的创建 （2）连接件的尺寸与构件参数的关联

续表

职业功能模块	培训内容	技能目标	培训细目
3．模型更新与协同	3-1　模型更新	3-1-1　能将模型的数据导入、导出	（1）模型数据的导入 （2）模型数据的导出
		3-1-2　能根据各专业模型需要，对模型文件进行格式转换	模型格式转换
		3-1-3　能根据各专业模型需要，对各阶段的模型进行更新完善	各专业不同阶段模型的更新
	3-2　模型协同	3-2-1　能链接其他专业模型从而完成本专业模型的创建与修改	不同专业模型的链接
		3-2-2　能导入和链接建模图纸	（1）建模所需图纸的处理 （2）建模所需图纸的导入和链接
		3-2-3　能完成链接的模型、图纸，进行删除、卸载等链接管理操作	（1）对链接的模型、图纸进行删除 （2）对链接的模型、图纸进行卸载
		3-2-4　能完成本专业模型进行协同及整合	（1）本专业模型协同工作的分解 （2）本专业模型协同工作的整合
		3-2-5　能完成其他专业模型进行协同及整合	（1）其他专业模型协同工作的分解 （2）其他专业模型协同工作的整合
4．模型注释与视图创建	4-1　标注和标记	4-1-1　能定义不同的标注类型	不同标注类型的定义
		4-1-2　能定义标注类型中的图形及文字的显示样式	各专业标注类型及其标注样式的设定
		4-1-3　能定义不同的标记与注释类型	不同标记与注释类型的定义
		4-1-4　能定义标记与注释中的文字、图形的显示样式	各专业标记类型及其标注样式的设定

续表

职业功能模块	培训内容	技能目标	培训细目
4．模型注释与视图创建	4-2　创建视图	4-2-1　能定义项目中所使用的视图样板	项目中所使用的视图样板的定义
		4-2-2　能定义平面视图的显示样式及参数设置	平面视图显示样式及参数的设置
		4-2-3　能定义立面视图的显示样式及参数设置	立面视图显示样式及参数的设置
		4-2-4　能定义剖面视图的显示样式及参数设置	剖面视图显示样式及参数的设置
		4-2-5　能定义三维视图的显示样式及参数设置	三维面视图显示样式及参数的设置
5．成果输出	5-1　模型保存	5-1-1　能在建模软件中保存或另存为成果文件类型及样式	（1）建模软件保存的成果文件类型的定义 （2）建模软件保存的成果文件样式的定义
		5-1-2　能在建模软件中输出不同格式成果文件类型	建模软件输出不同格式成果文件类型的定义
	5-2　图纸创建	5-2-1　能自定义满足专业图纸规范的图层、线型、文字等内容	（1）图纸中图层的设置 （2）图纸中线型的设置 （3）图纸中文字的设置
		5-2-2　能创建各专业使用的图纸样板	图纸样板的设置
	5-3　效果展现	5-3-1　能设置复杂、详细参数，并对模型成果进行渲染及漫游	（1）模型渲染复杂、详细参数的设置 （2）模型漫游复杂、详细参数的设置
		5-3-2　能设置信息模型软件输出复杂、精细的渲染及漫游成果	（1）复杂、详细的渲染模型成果的输出 （2）复杂、详细的漫游成果的输出

续表

职业功能模块	培训内容	技能目标	培训细目
5．成果输出	5–4　文档输出	5–4–1　能辅助编制碰撞检查报告、实施方案、建模标准等技术文件	碰撞检查报告、实施方案、建模标准等技术文件的辅助编制
		5–4–2　能编制建筑信息模型建模类汇报资料	建模类汇报资料的编制
6．培训与指导	6–1　培训	6–1–1　能对四级 / 中级进行建模培训	四级 / 中级建模标准的培训
		6–1–2　能制定建模培训方案和计划	建模培训方案的编写
		6–1–3　能编写建模培训大纲和教材	（1）建模培训大纲的编写 （2）建模培训教材的编写
	6–2　指导	6–2–1　能指导四级 / 中级完成建模软件的安装	建模软件安装流程的指导
		6–2–2　能指导四级 / 中级编制相关技术资料文件	技术资料文件编制的指导
		6–2–3　能指导四级 / 中级梳理协同工作内容及要求	协同工作内容及要求梳理的指导
		6–2–4　能评估四级 / 中级的学习效果	（1）培训质量管理指导 （2）学习效果评估

注：三级 / 高级专业的培训内容中，A、B、C、D、E、F 六个方向内容只需选择一个。

2.2 课程规范

2.2.1 职业基本素质培训课程规范

模块	课程	学习单元	课程内容	培训建议	课堂学时
1. 职业认知与职业道德	1-1 职业认知	职业认知	1）建筑业认知	（1）方法：讲授法 （2）重点与难点：建筑信息模型技术员的工作内容	1
			2）建筑信息模型技术员职业认知		
	1-2 职业道德基本知识	道德与职业道德	1）“四德”建设的主要内容 ①道德的含义 ②维持道德的依据 ③公民道德规范	（1）方法：讲授法、案例教学法 （2）重点与难点：建筑信息模型技术员职业道德规范	1
			2）社会主义核心价值观		
			3）职业道德修养 ①职业道德的概念 ②各行业共同的道德内容 ③服务态度、服务质量、职业道德三者的关系 ④加强职业道德修养		
			4）建筑信息模型技术员职业道德规范		
	1-3 职业守则	职业守则	1）遵纪守法，爱岗敬业	（1）方法：讲授法、案例教学法 （2）重点与难点：建筑信息模型技术员的职业守则	1
			2）诚实守信，认真严谨		
			3）尊重科学，精益求精		
			4）团结合作，勇于创新		
			5）终身学习，奉献社会		
2. 制图基本知识	2-1 制图国家标准	制图国家标准	1）图纸幅面规格与图纸排列顺序	（1）方法：讲授法、案例教学法	1
			2）图线		
			3）字体		
			4）比例		

续表

模块	课程	学习单元	课程内容	培训建议	课堂学时
2. 制图基本知识	2-1 制图国家标准	制图国家标准	5）常用符号 ①轴线轴号 ②标高、坡度符号 ③尺寸标注 ④索引符号及详图符号 ⑤剖切符号 ⑥其他符号	（2）重点与难点：常用符号、尺寸标注	
			6）常用建筑图例		
	2-2 投影表示方法	投影表示方法	1）正投影 ①投影法概述 ②正投影法基本原理 ③剖面图和断面图	（1）方法：讲授法、案例教学法 （2）重点与难点：正投影法基本原理，轴测投影	3
			2）轴测投影		
			3）透视投影		
	2-3 工程图识读方法	工程图识读方法	1）识读建筑施工图 ①建筑施工图基本知识 ②首页图与总平面图识读 ③建筑平面图识读 ④建筑立面图识读 ⑤建筑剖面图识读 ⑥建筑详图识读	（1）方法：讲授法、案例教学法 （2）重点与难点：识读建筑施工图	24
			2）识读结构施工图 ①结构施工图基本知识 ②基础平面图识读 ③基础详图识读 ④柱平法施工图识读 ⑤剪力墙平法施工图识读 ⑥梁平法施工图识读 ⑦板平法施工图识读 ⑧楼梯结构详图识读		
			3）识读设备施工图 ①建筑水暖电施工图基本知识 ②室内给水施工图识读 ③室内排水施工图识读 ④室外给水排水施工图识读 ⑤采暖施工图识读 ⑥室内电气照明施工图识读		

续表

模块	课程	学习单元	课程内容	培训建议	课堂学时
3. 建筑信息模型基础知识	3-1 建筑信息模型概念及应用现状	建筑信息模型概念及应用现状	1）建筑信息模型的概念 2）建筑信息模型在全球的发展情况 3）建筑信息模型在我国的应用现状	（1）方法：讲授法 （2）重点与难点：建筑信息模型在我国的应用现状	1
	3-2 建筑信息模型特点、作用和价值	建筑信息模型特点、作用和价值	1）建筑信息模型的特征 2）建筑信息模型的作用和价值	（1）方法：讲授法、案例教学法 （2）重点与难点：建筑信息模型的价值	1
	3-3 建筑信息模型应用软硬件及分类	建筑信息模型应用软硬件及分类	1）建筑信息模型的应用软件 2）建筑信息模型技术应用电脑配置选型	（1）方法：讲授法、案例教学法 （2）重点与难点：建筑信息模型的应用软件	1
	3-4 项目各阶段建筑信息模型应用	项目各阶段建筑信息模型应用	1）在规划阶段的应用 2）在设计阶段的应用 3）在施工阶段的应用 4）在运维阶段的应用	（1）方法：讲授法、案例教学法 （2）重点与难点：设计阶段建筑信息模型应用	1
	3-5 建筑信息模型应用工作组织和流程	建筑信息模型应用工作组织和流程	1）建筑信息模型应用工作组织 ①人力资源组织 ②模型资源组织 ③ IT 环节架构 2）建筑信息模型应用工作流程 ①基于建筑信息模型的工作流程总述 ②方案设计阶段的工作流程 ③初步设计阶段的工作流程 ④施工图阶段的工作流程	（1）方法：讲授法、案例教学法 （2）重点与难点：建筑信息模型应用工作流程	1
4. 相关法律、法规知识	4-1 法律法规	法律法规	1）《中华人民共和国劳动法》 2）《中华人民共和国劳动合同法》	（1）方法：讲授法	2

续表

模块	课程	学习单元	课程内容	培训建议	课堂学时
4．相关法律、法规知识	4-1 法律法规	法律法规	3）《中华人民共和国建筑法》	（2）重点与难点：《中华人民共和国劳动合同法》	
			4）《中华人民共和国招标投标法》		
			5）《中华人民共和国经济合同法》		
	4-2 规范标准	规范标准	1）《建筑信息模型应用统一标准》	（1）方法：讲授法 （2）重点与难点：《建筑信息模型应用统一标准》《建筑信息模型设计交付标准》《建筑信息模型施工应用标准》《建筑信息模型分类和编码标准》	2
			2）《建筑信息模型设计交付标准》		
			3）《建筑信息模型施工应用标准》		
			4）《建筑信息模型分类和编码标准》		
			5）《民用建筑设计统一标准》		
			6）《建筑设计防火规范》		
			7）《无障碍设计规范》		
			8）《住宅设计规范》		
			9）《公共建筑节能设计标准》		
			10）《工程建设标准强制性条文：房屋建筑部分》		
			11）《智能建筑设计标准》		
课堂学时合计					40

2.2.2 五级 / 初级职业技能培训课程规范

模块	课程	学习单元	课程内容	培训建议	课堂学时
1．项目准备	1-1 建模环境设置	（1）根据实际项目要求，区分不同类型的建筑信息模型软件	1）计算机相关知识 ①常见建筑信息模型软件的启动和关闭 ②常见建筑信息模型软件的文件格式	（1）方法：讲授法、案例教学法 （2）重点：常见建筑信息模型软件的功能	1

续表

模块	课程	学习单元	课程内容	培训建议	课堂学时
1．项目准备	1-1 建模环境设置	（1）根据实际项目要求，区分不同类型的建筑信息模型软件	2）建筑信息模型软件分类知识 ①常见建筑信息模型软件的功能 ②常见建筑信息模型软件的文件格式 ③常见建筑信息模型软件的使用范围	（3）难点：常见建筑信息模型软件的文件格式	
		（2）识别建筑信息模型软件的授权及注册情况	1）计算机基本知识 ①常见建筑信息模型软件的授权查看 ②常见建筑信息模型软件的注册方法	（1）方法：讲授法、案例教学法 （2）重点：常见建筑信息模型软件的授权查看 （3）难点：网络配置基本知识	1
			2）网络配置基本知识 ①网络的连接设置 ②网络的测试 ③常见建筑信息模型软件的联网注册方法		
	1-2 建模准备	（1）应用已设置好的模型视图及视图样板	1）根据项目专业选择项目样板	（1）方法：讲授法、案例教学法 （2）重点：项目样板的载入与查看 （3）难点：根据项目专业选择项目样板	1
			2）项目样板的载入与查看		
			3）项目样板的保存		
		（2）解读实施方案并及时反馈问题	1）实施方案要求的解读	（1）方法：讲授法、案例教学法、讨论法 （2）重点：实施方案要求的解读 （3）难点：发现并反馈实施方案中的问题	1
			2）发现并反馈实施方案中的问题		
		（3）解读建模规则并及时反馈问题	1）建模规则的解读	（1）方法：讲授法、案例教学法、讨论法 （2）重点：建模规则的解读 （3）难点：发现并反馈建模规则中的问题	1
			2）发现并反馈建模规则中的问题		

续表

模块	课程	学习单元	课程内容	培训建议	课堂学时
2. 模型浏览与编辑	2-1 模型浏览	（1）在平面、立面、剖面、三维等视图进行模型查看	1）平面视图下查看模型的方法 2）立面视图下查看模型的方法 3）剖面视图下查看模型的方法 4）三维视图下查看模型的方法 5）其他视图下查看模型的方法	（1）方法：讲授法、案例教学法、讨论法 （2）重点：各视图下查看模型的方法 （3）难点：视图工具的功能	1
		（2）对整体或局部模型进行转动、平移、缩放、剖切等操作	1）模型转动的操作方法 2）模型平移的操作方法 3）模型缩放的操作方法 4）模型剖切的操作方法	（1）方法：讲授法、案例教学法、讨论法 （2）重点：视图下查看模型的方法 （3）难点：视图工具的快捷键使用及设置	1
		（3）通过不同的视点浏览模型	1）调整视点的方法 2）保存视点的方法	（1）方法：讲授法、案例教学法 （2）重点：各视点下浏览模型的方法 （3）难点：调整视点的方法	1
		（4）隐藏、隔离模型构件	1）模型构件的隐藏方法 2）模型构件的隔离方法	（1）方法：讲授法、案例教学法 （2）重点：隐藏、隔离的启用与取消 （3）难点：永久隐藏、隔离的取消方法	1
		（5）整合、查看链接的各专业模型	1）链接各专业模型的方法 2）查看已链接的各专业模型的方法	（1）方法：讲授法、案例教学法 （2）重点：各专业模型链接整合、查看的方法 （3）难点：链接各专业模型的方法	1

续表

模块	课程	学习单元	课程内容	培训建议	课堂学时
2. 模型浏览与编辑	2-2 模型编辑	(1) 模型中各类图元属性的查看	1) 图元的选择方法 2) 属性窗口的显示与隐藏	(1) 方法：讲授法、案例教学法 (2) 重点：图元属性查看的方法 (3) 难点：图元的选择方法	1
		(2) 模型中各类图元的移动、复制、旋转、镜像、删除等操作	1) 图元移动的操作方法 2) 图元复制的操作方法 3) 图元旋转的操作方法 4) 图元镜像的操作方法 5) 图元删除的操作方法	(1) 方法：讲授法、案例教学法 (2) 重点：图元属性的编辑与修改方法 (3) 难点：修改工具的使用方法	1
		(3) 项目信息、项目单位等参数的调整	1) 调整项目信息的操作方法 2) 调整项目单位的操作方法	(1) 方法：讲授法、案例教学法 (2) 重点：项目参数的调整方法 (3) 难点：项目参数相关工具的使用	1
3. 模型注释	3-1 模型标注	(1) 查看模型的不同类型标注	1) 长度标注的查看方法 2) 角度标注的查看方法 3) 高程标注的查看方法	(1) 方法：讲授法、案例教学法 (2) 重点：模型标注的查看方法 (3) 难点：查看模型标注的软件操作技巧	1
		(2) 对长度、角度、高程等进行简单标注	1) 长度标注的方法 2) 角度标注的方法 3) 高程标注的方法	(1) 方法：讲授法、案例教学法 (2) 重点：模型标注的方法 (3) 难点：模型标注的软件操作技巧	1
		(3) 调整标注的显示样式，如字体、大小、颜色等	1) 调整标注字体的方法 2) 调整标注大小的方法 3) 调整标注颜色的方法	(1) 方法：讲授法、案例教学法 (2) 重点：模型标注调整的方法 (3) 难点：模型标注调整的软件操作技巧	1

续表

模块	课程	学习单元	课程内容	培训建议	课堂学时
3．模型注释	3-2 模型标记	(1) 查看模型的不同类型标记与注释	1) 查看模型类型标记的方法 2) 查看模型注释的方法	(1) 方法：讲授法、案例教学法 (2) 重点：模型类型标记与注释的查看方法 (3) 难点：模型类型标记与注释查看的软件操作技巧	1
		(2) 对模型构件添加注释和云线标记等操作	1) 对模型构件添加注释 2) 对模型构件添加云线标记	(1) 方法：讲授法、案例教学法 (2) 重点：添加注释和云线标记的方法和要点 (3) 难点：添加注释和云线标记的软件操作步骤	1
4．平台应用与管理	4-1 资料管理	(1) 通过平台客户端或移动端上传、下载资料文件	1) 通过平台客户端上传资料文件 2) 通过平台客户端下载资料文件 3) 通过平台移动端上传资料文件 4) 通过平台移动端下载资料文件	(1) 方法：讲授法、案例教学法 (2) 重点：平台客户端或移动端上传、下载资料文件 (3) 难点：平台客户端的设置与访问方法	1
		(2) 通过平台客户端或移动端查看资料文件	1) 通过平台客户端查看资料的方法 2) 通过平台移动端查看资料的方法	(1) 方法：讲授法、案例教学法 (2) 重点：平台客户端、移动端查看资料的方法 (3) 难点：平台客户端的查看方法	1
		(3) 新建文件夹，进行文件层级管理	1) 通过平台客户端新建文件夹的方法 2) 通过平台移动端新建文件夹的方法	(1) 方法：讲授法、案例教学法 (2) 重点：平台客户端、移动端新建文件夹的方法 (3) 难点：平台客户端的新建方法	1

续表

模块	课程	学习单元	课程内容	培训建议	课堂学时
4. 平台应用与管理	4-2 模型管理	（1）通过平台客户端或移动端查看模型及模型构件属性	1）通过平台客户端查看模型	（1）方法：讲授法、案例教学法 （2）重点：平台客户端或移动端查看模型及模型构件属性的方法 （3）难点：平台客户端的模型查看方法	1
			2）通过平台客户端查看模型构件属性		
			3）通过平台移动端查看模型		
			4）通过平台移动端查看模型构件属性		
		（2）通过平台客户端或移动端进行模型的转动、平移、缩放、剖切等操作	1）通过平台客户端进行模型的转动、平移、缩放、剖切等操作	（1）方法：讲授法、案例教学法 （2）重点：平台客户端或移动端进行模型转动、平移、缩放、剖切等操作的方法 （3）难点：平台客户端的模型操作方法	1
			2）通过平台移动端进行模型的转动、平移、缩放、剖切等操作		
		（3）通过平台客户端或移动端测量及标注模型	1）通过平台客户端进行测量及标注模型	（1）方法：讲授法、案例教学法 （2）重点：平台客户端和移动端测量及标注模型的方法 （3）难点：平台客户端和移动端测量及标注模型的操作方法	1
			2）通过平台移动端进行测量及标注模型		
		（4）通过平台客户端或移动端按报审流程提交模型	1）通过平台客户端按报审流程提交模型	（1）方法：讲授法、案例教学法 （2）重点：通过平台客户端或移动端按报审流程提交模型 （3）难点：熟悉报审流程及按报审流程提交模型的操作方法	1
			2）通过平台移动端按报审流程提交模型		
	4-3 进度管理	（1）导入进度计划至平台中	1）通过平台客户端导入进度计划	（1）方法：讲授法、案例教学法 （2）重点：导入进度计划至平台中 （3）难点：导入进度计划至平台中的详细操作流程	1
			2）通过平台移动端导入进度计划		

续表

模块	课程	学习单元	课程内容	培训建议	课堂学时
4. 平台应用与管理	4-3 进度管理	（2）利用平台将进度计划与模型进行关联	1）通过平台客户端将进度计划与模型进行关联	（1）方法：讲授法、案例教学法 （2）重点：利用平台将进度计划与模型进行关联 （3）难点：利用平台将进度计划与模型进行关联的详细操作流程	1
			2）通过平台移动端将进度计划与模型进行关联		
	4-4 成本管理	（1）导入造价信息至平台中	1）检查造价信息	（1）方法：讲授法、案例教学法 （2）重点：通过平台客户端导入造价信息 （3）难点：检查造价信息	1
			2）通过平台导入造价信息		
		（2）利用平台将造价信息与模型进行关联	1）造价信息与模型进行关联	（1）方法：讲授法、案例教学法 （2）重点：造价信息与模型进行关联 （3）难点：造价信息与模型进行关联的具体操作流程	1
			2）造价信息与模型关联后的检查		
	4-5 质量管理	（1）通过文字、图片、语音、视频、附件和其关联的模型构件对质量问题进行描述	1）通过文字及其关联的模型构件对质量问题进行描述	（1）方法：讲授法、案例教学法 （2）重点：利用平台对质量问题进行描述 （3）难点：利用平台对质量问题进行描述的具体操作流程	1
			2）通过图片及其关联的模型构件对质量问题进行描述		
			3）通过语音及其关联的模型构件对质量问题进行描述		
			4）通过视频及其关联的模型构件对质量问题进行描述		
			5）通过其他附件形式及其关联的模型构件对质量问题进行描述		

续表

模块	课程	学习单元	课程内容	培训建议	课堂学时
4．平台应用与管理	4-5　质量管理	（2）通过移动端将现场发现的质量问题上传至平台	通过移动端将现场发现的质量问题上传至平台	（1）方法：讲授法、案例教学法 （2）重点：通过移动端将现场发现的质量问题上传至平台 （3）难点：通过移动端将现场发现的质量问题上传至平台的具体操作流程	1
	4-6　安全管理	（1）通过文字、图片、语音、视频、附件和其关联的模型构件对安全问题进行描述	1）通过文字及其关联的模型构件对安全问题进行描述 2）通过图片及其关联的模型构件对安全问题进行描述 3）通过语音及其关联的模型构件对安全问题进行描述 4）通过视频及其关联的模型构件对安全问题进行描述 5）通过其他附件形式及其关联的模型构件对安全问题进行描述	（1）方法：讲授法、案例教学法 （2）重点：利用平台对安全问题进行描述 （3）难点：通过平台对安全问题进行描述的具体操作流程	1
		（2）通过移动端将现场发现的安全问题上传至平台	通过移动端对现场发现的安全问题上传至平台	（1）方法：讲授法、案例教学法 （2）重点：通过移动端将现场发现的安全问题上传至平台 （3）难点：通过移动端将现场发现的安全问题上传至平台的具体操作流程	1
5．成果输出	5-1　模型保存	（1）使用建筑信息模型集成应用平台和建模软件打开模型文件	1）使用建筑信息模型集成应用平台打开模型文件	（1）方法：讲授法、案例教学法 （2）重点：使用建筑信息模型集成应用平台和建模软件打开模型文件	1

续表

模块	课程	学习单元	课程内容	培训建议	课堂学时
5．成果输出	5-1 模型保存	（1）使用建筑信息模型集成应用平台和建模软件打开模型文件	2）使用建模软件打开模型文件	（3）难点：使用建筑信息模型集成应用平台和建模软件打开模型文件的具体操作流程	
		（2）使用建筑信息模型集成应用平台和建模软件保存模型文件	1）使用建筑信息模型集成应用平台保存模型文件	（1）方法：讲授法、案例教学法 （2）重点：使用建筑信息模型集成应用平台和建模软件保存模型文件 （3）难点：使用建筑信息模型集成应用平台和建模软件保存模型文件的具体操作流程	1
			2）使用建模软件保存模型文件		
		（3）使用建筑信息模型集成应用平台和建模软件输出不同格式的模型成果文件	1）使用建筑信息模型集成应用平台输出模型成果文件	（1）方法：讲授法、案例教学法 （2）重点：使用建筑信息模型集成应用平台和建模软件输出不同格式的模型成果文件 （3）难点：使用建筑信息模型集成应用平台和建模软件输出不同格式的模型成果文件的具体操作流程	1
			2）使用建模软件输出模型成果文件		
	5-2 图纸创建	（1）查看建模软件创建的图纸	1）根据文件类型，选择相应的建模软件	（1）方法：讲授法、案例教学法 （2）重点：对建模软件创建的图纸进行查看 （3）难点：查看建模软件创建图纸的具体操作流程	1
			2）使用建模软件对图纸进行查看		

续表

模块	课程	学习单元	课程内容	培训建议	课堂学时
5. 成果输出	5-2 图纸创建	（2）对查看的图纸进行保存	1）图纸保存时的版本设置 2）图纸保存时的备份文件设置	（1）方法：讲授法、案例教学法 （2）重点：对查看的图纸进行保存 （3）难点：对查看的图纸进行保存的具体操作流程	1
		（3）在模型内对创建的图纸重新命名及备注信息	1）图纸保存的位置 2）图纸命名的规则及重命名方法 3）图纸备注信息添加的方法	（1）方法：讲授法、案例教学法 （2）重点：在模型内对创建的图纸重新命名及备注信息 （3）难点：图纸命名的规则及重命名方法	1
	5-3 效果展现	（1）直接查看渲染图或漫游视频文件	1）渲染图和漫游视频保存的位置 2）渲染图和漫游视频的查看方法	（1）方法：讲授法、案例教学法 （2）重点：在模型内对创建的图纸重新命名及备注信息 （3）难点：渲染图和漫游视频的查看方法	1
		（2）使用建筑信息模型软件打开已完成的渲染或漫游文件进行局部细节查看	1）渲染图和漫游视频保存的位置 2）渲染图和漫游视频的放大、缩小、平移等查看操作	（1）方法：讲授法、案例教学法 （2）重点：使用建筑信息模型软件打开已完成的渲染或漫游文件进行局部细节查看 （3）难点：渲染图和漫游视频的查看操作流程	1
课堂学时合计					41

2.2.3 四级 / 中级职业技能培训课程规范

模块	课程	学习单元	课程内容	培训建议	课堂学时
1．项目准备	1-1 建模环境设置	（1）软件安装与卸载	1）软件的安装	（1）方法：讲授法、演示法 （2）重点与难点：软件的注册	1
			2）软件的注册		
			3）软件的卸载		
			4）软件安装、注册、卸载的常见问题		
		（2）项目样板的选择、设置	1）项目样板的选择	（1）方法：讲授法、演示法 （2）重点与难点：样板文件的设置	1
			2）项目信息的编辑与添加		
			3）项目参数的设置		
			4）项目单位的编辑		
			5）项目基点与测量点		
			6）项目北与正北的设置		
			7）坐标系共享		
	1-2 建模准备	（1）建模基本流程、模型细度标准	1）项目建模的应用流程	（1）方法：讲授法、演示法 （2）重点与难点：模型精度的统一	1
			2）模型精度的统一		
			3）出图标准的统一		
		（2）建模协同的方式	1）模型链接 ① 链接的应用 ② CAD 链接的应用	（1）方法：讲授法、演示法 （2）重点与难点：工作集的设置	1
			2）中心文件的创建		
			3）工作集的设置		
			4）中心文件的同步与编辑		
2．模型创建与编辑	2-1 基准图元的创建	（1）标高和轴网的创建与标注	1）创建标高	（1）方法：讲授法、演示法、实例练习法 （2）重点：创建标高、创建轴网 （3）难点：使用“阵列”“复制”命令快速创建轴网	2
			2）使用“修改”工具面板快速创建标高		
			3）创建标高尺寸标注		
			4）创建轴网		
			5）使用“阵列”“复制”命令快速创建轴网		
			6）创建轴网尺寸标注		

续表

模块	课程	学习单元	课程内容	培训建议	课堂学时
2．模型创建与编辑	2-1 基准图元的创建	（2）标高和轴网的编辑	1）修改标高 2）修改轴网	（1）方法：讲授法、演示法、实例练习法 （2）重点与难点：修改标高和轴网	1
		（3）参照平面与参照线的创建及工作平面的设置	1）参照平面的创建与编辑 2）参照线的创建与编辑 3）工作平面的设置 4）工作平面的显示 5）工作平面查看	（1）方法：讲授法、演示法、实例练习法 （2）重点：参照平面的创建与编辑 （3）难点：工作平面的设置	2
	2-2 建筑墙体、门窗与幕墙、楼板与屋顶等建筑图元的创建	（1）墙体的创建与参数设置	1）墙体的创建 ①绘制墙体 ②编辑墙体 ③复合墙的创建 ④叠层墙的创建 ⑤异形墙体的创建 2）墙体的参数设置 ①编辑墙体类型参数 ②编辑墙体属性 ③复合墙的参数设置 ④叠层墙的参数设置 ⑤异形墙体的参数设置	（1）方法：讲授法、演示法、实例练习法 （2）重点：墙体的创建 （3）难点：墙体的参数设置	2
		（2）门的创建与参数设置	1）门的创建 ①载入门族 ②新建门类型 ③插入门，布置门 2）门的参数设置 ①门类型参数的修改 ②门开启方向的修改 ③门标记位置的修改	（1）方法：讲授法、演示法、实例练习法 （2）重点：门的创建、门的参数设置 （3）难点：门的参数设置	2
		（3）窗的创建与参数设置	1）窗的创建 ①载入窗族 ②新建窗类型 ③插入窗，布置窗 2）窗的参数设置 ①窗类型参数的修改 ②窗安装位置的修改 ③窗台高度位置的修改	（1）方法：讲授法、演示法、实例练习法 （2）重点：窗的创建 （3）难点：窗的参数设置	1

续表

模块	课程	学习单元	课程内容	培训建议	课堂学时
2．模型创建与编辑	2-2 建筑墙体、门窗与幕墙、楼板与屋顶等建筑图元的创建	（4）幕墙的创建与参数设置	1）幕墙的创建 ①幕墙组成 ②绘制幕墙 ③编辑立面轮廓 ④幕墙网格与竖梃 ⑤替换嵌板门窗 2）幕墙的参数设置 ①幕墙类型参数的修改 ②幕墙开启方向的修改 ③幕墙标记位置的修改	（1）方法：讲授法、演示法、实例练习法 （2）重点：幕墙的创建 （3）难点：幕墙的参数设置	2
		（5）楼板的创建与参数设置	1）楼板的创建 ①绘制生成水平楼板 ②绘制生成斜楼板 ③对楼板进行建筑找坡、开洞等编辑操作 2）楼板的参数设置 ①楼板属性参数设置 ②楼板边界设置 ③楼板边缘设置	（1）方法：讲授法、演示法、实例练习法 （2）重点：楼板的创建、楼板的参数设置 （3）难点：楼板的参数设置	2
		（6）屋顶的创建与参数设置	1）屋顶的创建 ①创建迹线屋顶 ②创建拉伸屋顶 ③创建面屋顶 ④创建屋檐底板、封檐带、檐槽 2）屋顶的参数设置 ①迹线屋顶的类型设置、坡度设置 ②拉伸屋顶的类型设置 ③面屋顶的类型设置 ④屋檐底板、封檐带、檐槽截面轮廓的编辑	（1）方法：讲授法、演示法、实例练习法 （2）重点：屋顶的创建 （3）难点：屋顶的参数设置	2
	2-3 柱、梁、板、基础等结构构件的创建	（1）柱的创建与参数设置	1）结构柱的创建 ①柱类型的载入 ②创建垂直柱 ③创建斜柱 2）结构柱的参数设置 ①柱类型参数的编辑 ②柱的族编辑 ③柱的尺寸标注	（1）方法：讲授法、演示法、实例练习法 （2）重点：结构柱的创建 （3）难点：结构柱的参数设置	2

续表

模块	课程	学习单元	课程内容	培训建议	课堂学时
2．模型创建与编辑	2-3 柱、梁、板、基础等结构构件的创建	（2）梁的创建与参数设置	1）结构梁的创建 ①梁类型的载入 ②创建水平梁 ③创建斜梁 2）结构梁的参数设置 ①梁类型参数的编辑 ②梁的族编辑 ③梁的尺寸标注	（1）方法：讲授法、演示法、实例练习法 （2）重点：结构梁的创建 （3）难点：结构梁的参数设置	2
		（3）板的创建与参数设置	1）结构板的创建 ①绘制生成水平楼板 ②绘制生成斜楼板 ③对楼板进行开洞等编辑操作 2）结构板的参数设置 ①楼板属性参数设置 ②楼板边界设置 ③楼板配筋设置	（1）方法：讲授法、演示法、实例练习法 （2）重点：结构板的创建 （3）难点：结构板的参数设置	2
		（4）基础的创建与参数设置	1）基础的创建 ①创建基础垫层 ②创建条形基础、独立基础等不同类型的基础 ③创建异形基础 2）基础的参数设置 ①基础类型参数的设置 ②基础的配筋 ③尺寸标注	（1）方法：讲授法、演示法、实例练习法 （2）重点：基础的创建、基础的参数设置 （3）难点：基础的参数设置	2
	2-4 栏杆、扶手、楼梯、洞口和坡道的创建与编辑	（1）栏杆与扶手的创建与参数设置	1）栏杆与扶手的创建 ①绘制栏杆与扶手 ②编辑栏杆与扶手位置 ③拾取到正确依附的主体 2）栏杆与扶手的参数设置 ①修改栏杆与扶手的类型属性和实例属性 ②分别编辑栏杆与扶手的位置 ③创建异形栏杆与扶手样式	（1）方法：讲授法、演示法、实例练习法 （2）重点：栏杆与扶手的创建 （3）难点：栏杆与扶手的参数设置	2

续表

模块	课程	学习单元	课程内容	培训建议	课堂学时
2．模型创建与编辑	2-4 栏杆、扶手、楼梯、洞口和坡道的创建与编辑	（2）楼梯的创建与参数设置	1）楼梯的创建 ①创建构件楼梯 ②创建草图楼梯	（1）方法：讲授法、演示法、实例练习法 （2）重点：楼梯的创建 （3）难点：楼梯的参数设置	2
			2）楼梯的参数设置 ①楼梯属性的参数设置 ②楼梯平台处栏杆与扶手的编辑		
		（3）洞口的创建和参数设置	1）洞口的创建 ①竖井工具 ②垂直洞口工具 ③其他剪切洞口工具	（1）方法：讲授法、演示法、实例练习法 （2）重点：洞口的创建 （3）难点：洞口的参数设置	2
			2）洞口的参数设置 ①洞口剪切高度的控制 ②洞口轮廓的设置		
		（4）坡道的创建和参数设置	1）坡道的创建 ①创建坡道 ②坡道展开图	（1）方法：讲授法、演示法、实例练习法 （2）重点：坡道的创建 （3）难点：坡道的参数设置	2
			2）坡道的参数设置 ①坡度控制 ②添加栏杆与扶手		
	2-5 模型浏览	（1）过滤、筛分、浏览各类别模型及切换多窗口形式浏览并对比模型	1）选择过滤器的使用	（1）方法：讲授法、演示法、实例练习法 （2）重点与难点：视图切换工具使用	1
			2）视图规程的选择		
			3）视图的切换 ①切换窗口 ②关闭隐藏对象 ③复制窗口 ④层叠窗口 ⑤平铺窗口		
		（2）模型的显示样式	1）比例尺	（1）方法：讲授法、演示法、实例练习法 （2）重点与难点：模型的显示使用	1
			2）详细程度		
			3）视觉样式		
			4）日光路径		
			5）阴影控制		
			6）临时隐藏 / 隔离		

续表

模块	课程	学习单元	课程内容	培训建议	课堂学时
2．模型创建与编辑	2-6 模型编辑	（1）模型各类图元的基本操作	1）移动 2）复制 3）旋转 4）修剪 / 延伸为角 5）修剪 / 延伸图元 6）删除 7）对齐 8）偏移 9）镜像 10）拆分图元 11）阵列 12）缩放 13）锁定 / 解锁	（1）方法：讲授法、演示法、实例练习法 （2）重点与难点：阵列	2
		（2）模型各类图元的连接关系	1）几何图形的剪切与连接 ①几何图形连接 ②几何图形剪切 2）墙连接 3）屋顶连接 4）梁、柱连接	（1）方法：讲授法、演示法、实例练习法 （2）重点：几何图形的剪切与连接 （3）难点：屋顶连接	2
		（3）墙体的类型	1）墙体的分类 ①按墙所处位置及方向分类 ②按受力情况分类 ③按材料及构造方式分类 ④按施工方法分类 2）墙族的分类 ①基本墙 ②叠层墙 ③幕墙 3）常见砌体墙厚度 ① 12 墙 ② 18 墙 ③ 24 墙 ④ 37 墙 ⑤ 49 墙	（1）方法：讲授法、演示法、实例练习法 （2）重点：墙体的分类 （3）难点：墙族的分类	2

续表

模块	课程	学习单元	课程内容	培训建议	课堂学时
2．模型创建与编辑	2–6 模型编辑	（4）墙体类型的编辑	1）编辑墙体结构材料 ①编辑部件对话框设置6种墙体功能，即结构［1］、衬底［2］、保温层/空气层［3］、面层1［4］、面层2［5］和涂膜层［6］ ②设置各功能层的材质、厚度	（1）方法：讲授法、演示法、实例练习法 （2）重点与难点：编辑墙体结构分层	2
			2）编辑墙体外围的保温层和面层 ①设置功能 ②设置材质 ③设置厚度 ④编辑面层着色外观和渲染外观		
			3）编辑内墙材质 ①设置功能 ②设置材质 ③设置厚度 ④编辑内墙面层着色外观和渲染外观		
		（5）门窗参数的编辑	1）门窗的分类 ①门的分类 ②门的组成和尺度 ③窗的分类 ④窗的组成和尺度	（1）方法：讲授法、演示法、实例练习法 （2）重点与难点：门窗参数的编辑与修改	1
			2）门窗参数的编辑与修改 ①门的类型属性 ②门的实例属性 ③窗的类型属性 ④窗的实例属性		
		（6）幕墙参数的编辑	1）编辑幕墙网格和竖梃 ①幕墙网格的自动划分 ②幕墙网格的手动划分——幕墙网格工具 ③批量生成竖梃 ④手工生成竖梃	（1）方法：讲授法、演示法、实例练习法	2

续表

模块	课程	学习单元	课程内容	培训建议	课堂学时
2．模型创建与编辑	2-6　模型编辑	（6）幕墙参数的编辑	2）添加幕墙嵌板 ①幕墙嵌板族的制作 ②幕墙嵌板族的载入 ③幕墙嵌板的定位 ④尺寸标注	（2）重点与难点：编辑幕墙网格和竖梃	
		（7）楼板参数的编辑	1）设置 6 种功能层	（1）方法：讲授法、演示法、实例练习法 （2）重点与难点：楼板信息输入	1
			2）设置各功能层材质		
			3）设置厚度		
			4）编辑面层着色外观和渲染外观		
		（8）屋顶信息的编辑	1）设置屋顶的类型	（1）方法：讲授法、演示法、实例练习法 （2）重点与难点：屋顶信息输入	1
			2）设置屋顶的材质		
			3）设置屋面保温		
			4）设置屋面防水		
			5）设置屋面坡度		
3．模型注释与视图创建	3-1　标注	（1）不同类型的标注创建	1）对齐标注的创建	（1）方法：讲授法、演示法、实例练习法 （2）重点：对齐标注的创建 （3）难点：弧长标注的创建	1
			2）线性标注的创建		
			3）角度标注的创建		
			4）半径标注的创建		
			5）直径标注的创建		
			6）弧长标注的创建		
		（2）标注类型的编辑与修改	1）标注类型的编辑与修改 ①尺寸标注文字的替换 ②尺寸标注文字的前缀和后缀 ③线段尺寸标注引线的可见性	（1）方法：讲授法、演示法、实例练习法 （2）重点与难点：标注类型的编辑与修改	1
			2）标注类型的修改 ①自动尺寸标注选项 ②临时标注转换永久标注 ③ EQ 均分		
	3-2　标记	（1）构件类别、材质的标记	1）构件类别标记 ①全部标记 ②多类别标记	（1）方法：讲授法、演示法、实例练习法 （2）重点与难点：各种标记的具体操作流程	1
			2）构件材质标记		

续表

模块	课程	学习单元	课程内容	培训建议	课堂学时
3. 模型注释与视图创建	3-2　标记	（2）文字及符号注释	1）房间标记 2）注释符号 3）文字注释 4）详图注释	（1）方法：讲授法、演示法、实例练习法 （2）重点与难点：详图注释	1
	3-3　创建视图	（1）视图样板的管理和三维视图的创建	1）创建视图样板 2）设置视图样板 3）应用视图样板 4）删除视图样板 5）三维剖面框的应用 6）选择框的应用	（1）方法：讲授法、演示法、实例练习法 （2）重点与难点：设置视图样板	1
		（2）平面、立面、剖面视图的创建及修改	1）添加楼层平面视图 ①平面视图的类型 ②平面视图的创建 ③平面视图的修改 2）添加立面视图 ①立面视图的类型 ②立面视图的创建 ③立面视图的修改 3）添加剖面视图 ①剖面视图的类型 ②剖面视图的创建 ③剖面视图的修改	（1）方法：讲授法、演示法、实例练习法 （2）重点：各视图的创建 （3）难点：各视图的修改	2
4. 成果输出	4-1　模型保存	模型文件的打开和输出	1）项目文件的打开 2）其他文件的导入 3）项目文件的保存与另存为 4）项目文件的导出 5）项目文件的打印	（1）方法：讲授法、演示法 （2）重点与难点：项目文件的打印	1
	4-2　图纸创建	（1）图纸的创建和显示设置	1）图纸的新建 2）标题栏的编辑 3）图纸信息的录入 4）视图范围编辑 5）视图可见性及图形替换设置	（1）方法：讲授法、演示法 （2）重点与难点：视图可见性及图形替换设置	1

续表

模块	课程	学习单元	课程内容	培训建议	课堂学时
4．成果输出	4-2　图纸创建	（2）按建筑设计制图规范注释尺寸，创建并优化各种构件的平、立、剖、大样图	1）注释尺寸 ①设置尺寸标注类型并标注尺寸 ②设置符号标注类型并标注符号 ③标注文字	（1）方法：讲授法、演示法、实例练习法 （2）重点：注释尺寸 （3）难点：优化各种构件的平、立、剖、大样图	3
			2）创建并优化各种构件的平、立、剖、大样图 ①尺寸标注 ②符号标注 ③文字标注 ④视图的复制与显示／隐藏设置		
		（3）输出、打印、保存图纸	1）输出图纸 ①输出格式 ②设置输出的图层、颜色等图面信息 ③设置图纸集 ④输出图纸并检查	（1）方法：讲授法、演示法、实例练习法 （2）重点：保存图纸 （3）难点：输出图纸的图层设置	1
			2）打印图纸 ①确定打印范围 ②设置打印的图层、颜色等图面信息 ③设置打印比例尺 ④打印图纸并检查		
			3）保存图纸 ①设置保存格式 ②设置保存路径 ③保存图纸并检查		
	4-3　明细表的统计	（1）各种明细表的识别和创建	1）识别各类明细表 ①明细表／数量 ②图形柱明细表 ③材质提取表 ④图纸列表 ⑤注释块 ⑥视图列表	（1）方法：讲授法、演示法、实例练习法	2
			2）创建建筑构件明细表 ①字段 ②过滤器 ③排序／成组 ④格式 ⑤外观		

续表

模块	课程	学习单元	课程内容	培训建议	课堂学时
4．成果输出	4-3　明细表的统计	（1）各种明细表的识别和创建	3）创建关键字明细表 ①新建“关键字” ②定义和使用关键字	（2）重点与难点：建筑构件明细表创建具体操作流程	
			4）创建多类别明细表 ①新建“多类别”明细表 ②设置“多类别”明细表		
		（2）明细表的设置	1）设置明细表各类操作方法 ①设置“属性”栏 ②设置表格标题名称 ③设置列标题 ④设置单位格式 ⑤设置计算 ⑥插入行或列 ⑦删除行或列 ⑧调整列宽或行高 ⑨隐藏和取消隐藏 ⑩合并 / 取消合并行或列 ⑪插入图像	（1）方法：讲授法、演示法、实例练习法 （2）重点：设置计算 （3）难点：插入图像	2
			2）表格各类操作方法 ①清除单元格 ②成组 ③解组 ④着色 ⑤边界 ⑥重设 ⑦字体 ⑧对齐 ⑨在模型中高亮显示		
		（3）明细表的导出	1）导出列页眉	（1）方法：讲授法、演示法、实例练习法 （2）重点：导出列页眉 （3）难点：字段分隔符	1
			2）导出页眉、页脚和空行		
			3）字段分隔符		
			4）文字限定符		

续表

模块	课程	学习单元	课程内容	培训建议	课堂学时
4．成果输出	4-4　效果展现	（1）各建筑构件赋予材质属性、外观色彩属性	1）各建筑构件赋予材质属性 ①材质属性的创建 ②赋予材质属性 ③材质属性生成测试 2）各建筑构件赋予外观色彩属性 ①外观色彩的获取、编辑与创建 ②赋予材质外观色彩属性 ③构件生成测试	（1）方法：讲授法、演示法、实例练习法 （2）重点与难点：各建筑构件赋予材质属性	2
		（2）渲染视口的创建与渲染的设置	1）渲染视口的创建 ①定位平面视图 ②设置相机工具 ③定位并放置相机 ④相机视口的修改 2）渲染的设置 ①设置渲染引擎 ②设置渲染质量 ③设置渲染分辨率 ④设置渲染背景 ⑤调整曝光	（1）方法：讲授法、演示法、实例练习法 （2）重点：渲染视口的创建 （3）难点：渲染的设置	1
		（3）漫游路径和相机的设置	1）相机的设置 ①定位平面视图 ②设置相机工具 ③定位并放置相机 ④相机视口的修改 2）漫游路径的设置 ①定位平面视图 ②绘制漫游路径 ③逐一修改漫游路径各关键帧的相机视口设置 ④漫游路径的测试	（1）方法：讲授法、演示法、实例练习法 （2）重点：相机的设置 （3）难点：漫游路径的设置	2

续表

模块	课程	学习单元	课程内容	培训建议	课堂学时
4．成果输出	4-4　效果展现	（4）输出漫游视频动画的方法	1）设置输出格式 2）设置输出视频的视觉样式、光照等画面信息 3）设置输出分辨率 4）输出动画并检查	（1）方法：讲授法、演示法、实例练习法 （2）重点与难点：设置输出视频的视觉样式、光照等画面信息	1
课堂学时合计					75

2.2.4　三级 / 高级职业技能培训课程规范

模块	课程	学习单元	课程内容	培训建议	课堂学时
1．项目准备	1-1　建模环境设置	（1）建模中软硬件设备的基本要求和建模软件的安装	1）建模中硬件设备的基本要求 2）建模中软件设备的基本要求 3）建模软件的安装过程 4）建模软件安装过程中问题的分析	（1）方法：讲授法、演示法、实例练习法 （2）重点：硬件设备的基本要求 （3）难点：安装过程中问题的分析	1
		（2）建模中样板文件的设置需求	1）建模中样板文件包含的内容 2）建模中样板的设置方法	（1）方法：讲授法、演示法、实例练习法 （2）重点：硬件设备的基本要求 （3）难点：样板的设置方法	1
	1-2　建模准备	（1）建模流程的设置与改进	1）交付成果要求的解读 2）建模流程应用方法	（1）方法：讲授法 （2）重点与难点：交付成果要求的解读	1
		（2）建模规则的解读与改进	1）建模规则的解读 2）建模规则改进建议的提出	（1）方法：讲授法 （2）重点与难点：建模规则的解读	1

续表

模块	课程	学习单元	课程内容	培训建议	课堂学时
1．项目准备	1-2　建模准备	(3) 相关专业建模图纸的处理与问题反馈	1）相关专业建模图纸的处理 2）相关专业建模图纸的问题反馈方式	(1) 方法：讲授法、实例练习法 (2) 重点：建模图纸的处理方法	1
2．模型创建与编辑	2-1　创建基准图元	(1) 相关专业的标高、轴网等空间定位图元的创建	1）相关专业的标高、轴网等空间定位图元制图基本知识 2）依据标高、轴网等空间信息定位图元	(1) 方法：案例教学法、演示法、实例练习法 (2) 重点：基准定位图元的识别 (3) 难点：相关专业的标高、轴网等空间定位制图基本知识	1
		(2) 基准图元的类型选择与创建	1）基准图元的类型选择 ①参照点的选择与使用 ②参照线的选择与使用 ③参照平面的选择与使用 2）基准图元的创建方法	(1) 方法：案例教学法、演示法 (2) 重点：基准图元的创建方法 (3) 难点：基准图元的类型选择与创建	1
	2-2　创建实体构件图元	A 建筑工程 (1) 满足施工图设计及深化设计要求的建筑专业工程主体构件创建	1）建筑专业工程主体构件制图基本知识 ①墙体 ②幕墙 ③建筑柱 ④屋顶 ⑤楼板 ⑥楼梯 ⑦预制内墙板等 2）建筑专业工程主体构件的基本构造知识 3）建筑专业工程主体构件建模规则要求 4）精度满足施工图设计及深化设计要求的建筑专业工程主体构件的创建方法	(1) 方法：讲授法、项目教学法、演示法、实例练习法 (2) 重点：建筑专业工程主体构件创建 (3) 难点：建筑专业工程主体构件建模规则应用要求	20

续表

<table>
<tr><th>模块</th><th>课程</th><th colspan="2">学习单元</th><th>课程内容</th><th>培训建议</th><th>课堂学时</th></tr>
<tr><td rowspan="8">2．模型创建与编辑</td><td rowspan="8">2-2 创建实体构件图元</td><td rowspan="8">A 建筑工程</td><td rowspan="4">（2）满足施工图设计及深化设计要求的建筑专业工程附属构件创建</td><td>1）建筑专业工程附属构件制图基本知识
①门窗
②坡道
③台阶
④栏杆
⑤扶手
⑥排水沟
⑦集水坑等</td><td rowspan="4">（1）方法：讲授法、项目教学法、演示法、实例练习法
（2）重点：建筑专业工程附属构件创建
（3）难点：建筑专业工程附属构件建模规则应用要求</td><td rowspan="4">12</td></tr>
<tr><td>2）建筑专业工程附属构件的基本构造知识</td></tr>
<tr><td>3）建筑专业工程附属构件建模规则要求</td></tr>
<tr><td>4）精度满足施工图设计及深化设计要求的建筑专业工程附属构件的创建方法</td></tr>
<tr><td rowspan="4">（3）满足施工图设计及深化设计要求的结构专业工程主体构件创建</td><td>1）结构专业工程主体构件制图基本知识
①结构柱
②结构墙
③梁
④结构板
⑤基础
⑥承台
⑦桁架
⑧网壳
⑨预制楼梯
⑩预制叠合板等</td><td rowspan="4">（1）方法：讲授法、项目教学法、演示法、实例练习法
（2）重点：结构专业工程主体构件创建
（3）难点：结构专业工程主体构件建模规则应用要求</td><td rowspan="4">14</td></tr>
<tr><td>2）结构专业工程主体构件的基本构造知识</td></tr>
<tr><td>3）结构专业工程主体构件建模规则要求</td></tr>
<tr><td>4）精度满足施工图设计及深化设计要求的基本结构专业工程主体构件的创建方法</td></tr>
</table>

续表

<table>
<tr><th>模块</th><th>课程</th><th colspan="2">学习单元</th><th>课程内容</th><th>培训建议</th><th>课堂学时</th></tr>
<tr><td rowspan="8">2．模型创建与编辑</td><td rowspan="8">2-2　创建实体构件图元</td><td rowspan="4">A
建筑工程</td><td rowspan="4">（4）满足施工图设计及深化设计要求的结构专业工程附属构件创建</td><td>1）结构专业工程附属构件制图基本知识
①钢筋
②预留孔洞
③定制结构构件等</td><td rowspan="4">（1）方法：讲授法、项目教学法、演示法、实例练习法
（2）重点：结构专业工程附属构件创建
（3）难点：结构专业工程附属构件建模规则应用要求</td><td rowspan="4">12</td></tr>
<tr><td>2）结构专业工程附属构件的基本构造知识</td></tr>
<tr><td>3）结构专业工程附属构件建模规则要求</td></tr>
<tr><td>4）精度满足施工图设计及深化设计要求的结构专业工程附属构件的创建方法</td></tr>
<tr><td rowspan="4">B
机电工程</td><td rowspan="4">（1）满足施工图设计及深化设计要求的水系统工程（给排水、消防水、空调水、采暖）管路构件创建</td><td>1）水系统各专业工程管路构件制图基本知识
①管道
②弯头
③变径连接件
④三通
⑤四通
⑥水泵
⑦阀门
⑧仪表
⑨喷头
⑩冷水机组等</td><td rowspan="4">（1）方法：讲授法、项目教学法、演示法、实例练习法
（2）重点：水系统各专业工程管路构件创建
（3）难点：水系统各专业工程管路构件建模规则应用要求</td><td rowspan="4">12</td></tr>
<tr><td>2）水系统各专业工程管路构件基本知识</td></tr>
<tr><td>3）水系统各专业工程管路构件建模规则要求</td></tr>
<tr><td>4）精度满足施工图设计及深化设计要求的水系统各专业工程管路构件的创建方法</td></tr>
</table>

续表

模块	课程	学习单元		课程内容	培训建议	课堂学时
2．模型创建与编辑	2-2 创建实体构件图元	B 机电工程	（2）满足施工图设计及深化设计要求的水系统各专业工程（给排水、消防水、空调水、采暖）设备功能构件创建	1）水系统各专业工程设备功能构件制图基本知识 ①卫浴设施 ②水箱 ③热水器 ④换热器 ⑤雨水口 ⑥地漏 ⑦消火栓 ⑧水泵接合器 ⑨喷头 ⑩冷却塔 ⑪冷水机组等	（1）方法：讲授法、项目教学法、演示法、实例练习法 （2）重点：水系统各专业工程设备功能构件创建 （3）难点：水系统各专业工程设备功能构件建模规则应用要求	8
				2）水系统各专业工程设备功能构件基本知识		
				3）水系统各专业工程设备功能构件建模规则要求		
				4）精度满足施工图设计及深化设计要求的水系统各专业工程设备功能构件的创建方法		
			（3）满足施工图设计及深化设计要求的风系统各专业工程（通风、空调、防排烟）管路构件创建	1）风系统各专业工程管路构件制图基本知识 ①风管 ②弯头 ③变径连接件 ④三通 ⑤四通 ⑥变形连接件等	（1）方法：讲授法、项目教学法、演示法、实例练习法 （2）重点：风系统各专业工程管路构件创建 （3）难点：风系统各专业工程管路构件建模规则应用要求	12
				2）风系统各专业工程管路构件基本知识		
				3）风系统各专业工程管路构件建模规则要求		
				4）精度满足施工图设计及深化设计要求的风系统各专业工程管路构件的创建方法		

续表

模块	课程	学习单元		课程内容	培训建议	课堂学时
2．模型创建与编辑	2-2 创建实体构件图元	B 机电工程	（4）满足施工图设计及深化设计要求的风系统各专业工程（通风、空调、防排烟）设备功能构件创建	1）风系统各专业工程设备功能构件制图基本知识 ①风机 ②静压箱 ③消声器 ④风扇 ⑤空气过滤器 ⑥空调机组 ⑦多联机 ⑧风机盘管 ⑨风阀 ⑩风口、百叶等	（1）方法：讲授法、项目教学法、演示法、实例练习法 （2）重点：风系统各专业工程设备功能构件创建 （3）难点：风系统各专业工程设备功能构件建模规则应用要求	8
				2）风系统各专业工程设备功能构件基本知识		
				3）风系统各专业工程设备功能构件建模规则要求		
				4）精度满足施工图设计及深化设计要求的风系统各专业工程设备功能构件的创建方法		
			（5）满足施工图设计及深化设计要求的电气系统各专业	1）电气系统各专业工程管路构件制图基本知识 ①桥架 ②线管 ③导线以及对应的弯头 ④变径、连接件 ⑤三通 ⑥四通 ⑦接线盒等	（1）方法：讲授法、项目教学法、演示法、实例练习法 （2）重点：电气系统各专业工程管路构件创建	10
				2）电气系统各专业工程管路构件基本知识		
				3）电气系统各专业工程管路构件建模规则要求		

续表

<table>
<tr><th>模块</th><th>课程</th><th colspan="2">学习单元</th><th>课程内容</th><th>培训建议</th><th>课堂学时</th></tr>
<tr><td rowspan="6">2. 模型创建与编辑</td><td rowspan="6">2-2 创建实体构件图元</td><td rowspan="5">B
机电工程</td><td>工程（供配电、智能化、消防）管路构件创建</td><td>4）精度满足施工图设计及深化设计要求的电气系统各专业工程管路构件的创建方法</td><td>（3）难点：电气系统各专业工程管路构件建模规则应用要求</td><td></td></tr>
<tr><td rowspan="4">（6）满足施工图设计及深化设计要求的电气系统各专业工程（供配电、智能化、消防）设备功能构件创建</td><td>1）电气系统各专业工程设备功能构件制图基本知识
①电气机柜
②变压器
③配电箱
④灯具、插座、开关
⑤线管及线管配件
⑥电缆桥架及电缆桥架配件
⑦电缆
⑧传感器
⑨控制器等</td><td rowspan="4">（1）方法：讲授法、项目教学法、演示法、实例练习法
（2）重点：电气系统各专业工程设备功能构件创建
（3）难点：电气系统各专业工程设备功能构件建模规则应用要求</td><td rowspan="4">8</td></tr>
<tr><td>2）电气系统各专业工程设备功能构件基本知识</td></tr>
<tr><td>3）电气系统各专业工程设备功能构件建模规则要求</td></tr>
<tr><td>4）精度满足施工图设计及深化设计要求的电气系统各专业工程设备功能构件的创建方法</td></tr>
<tr><td>C
装饰装修工程</td><td>（1）满足施工图设计及深化设计要求的楼地面和门窗构件创建</td><td>1）楼地面和门窗构件制图基本知识
①整体面层
②块料面层
③木地板
④楼梯踏步
⑤踢脚板
⑥成品门窗套
⑦成品门窗安装构造节点等</td><td>（1）方法：讲授法、项目教学法、演示法、实例练习法
（2）重点：楼地面和门窗构件创建</td><td>10</td></tr>
</table>

续表

模块	课程	学习单元		课程内容	培训建议	课堂学时
2．模型创建与编辑	2-2 创建实体构件图元	C 装饰装修工程	（1）满足施工图设计及深化设计要求的楼地面和门窗构件创建	2）装饰装修专业中楼地面和门窗构件的基本构造知识 3）楼地面和门窗构件建模规则要求 4）精度满足施工图设计及深化设计要求的楼地面和门窗构件的创建方法	（3）难点：楼地面和门窗构件建模规则应用要求	
			（2）满足施工图设计及深化设计要求的吊顶构件创建	1）吊顶构件制图基本知识 ①纸面石膏板 ②金属板 ③木质吊顶 ④吊顶伸缩缝 ⑤阴角凹槽构造节点 ⑥检修口 ⑦空调风口 ⑧喷淋 ⑨烟感 ⑩广播等 2）装饰装修专业中吊顶构件的基本构造知识 3）吊顶构件建模规则要求 4）精度满足施工图设计及深化设计要求的吊顶构件的创建方法	（1）方法：讲授法、项目教学法、演示法、实例练习法 （2）重点：吊顶构件创建 （3）难点：吊顶构件建模规则应用要求	10
			（3）满足施工图设计及深化设计要求的饰面构件创建	1）饰面构件制图基本知识 ①轻质隔墙饰面板 ②纸面石膏板 ③木龙骨木饰面板 ④玻璃隔墙 ⑤活动隔墙 ⑥各类饰面砖设备设施安装收口 ⑦壁纸壁布等	（1）方法：讲授法、项目教学法、演示法、实例练习法 （2）重点：饰面构件创建	10

续表

模块	课程	学习单元		课程内容	培训建议	课堂学时
2. 模型创建与编辑	2-2 创建实体构件图元	C 装饰装修工程	(3) 满足施工图设计及深化设计要求的饰面构件创建	2) 装饰装修专业中饰面构件的基本构造知识	(3) 难点：饰面构件建模规则应用要求	
				3) 饰面构件建模规则要求		
				4) 精度满足施工图设计及深化设计要求的饰面构件的创建方法		
			(4) 满足施工图设计及深化设计要求的幕墙构件创建	1) 幕墙构件制图基本知识 ①玻璃幕墙 ②石材幕墙 ③金属幕墙 ④玻璃雨檐 ⑤天窗 ⑥幕墙设备设施安装收口等	(1) 方法：讲授法、项目教学法、演示法、实例练习法 (2) 重点：幕墙构件创建 (3) 难点：幕墙构件建模规则应用要求	18
				2) 装饰装修专业中幕墙构件的基本构造知识		
				3) 幕墙构件建模规则要求		
				4) 精度满足施工图设计及深化设计要求的幕墙构件的创建方法		
			(5) 满足施工图设计及深化设计要求的厨房、卫生间、家具及其他装饰构件创建	1) 厨房、卫生间、家具及其他装饰构件制图的基本知识 ①淋浴房 ②洗脸盆 ③坐便器 ④地漏 ⑤厨房橱柜 ⑥抽油烟机 ⑦固定家具 ⑧活动家具 ⑨各类装饰线条等	(1) 方法：讲授法、项目教学法、演示法、实例练习法 (2) 重点：厨房、卫生间、家具及其他装饰构件创建	10
				2) 装饰装修专业中厨房、卫生间、家具及其他装饰构件的基本构造知识		

续表

模块	课程	学习单元		课程内容	培训建议	课堂学时
2．模型创建与编辑	2-2　创建实体构件图元	C 装饰装修工程	（5）满足施工图设计及深化设计要求的厨房、卫生间、家具及其他装饰构件创建	3）厨房、卫生间、家具及其他装饰构件建模规则要求	（3）难点：厨房、卫生间、家具及其他装饰构件建模规则应用要求	
				4）精度满足施工图设计及深化设计要求的厨房、卫生间、家具及其他装饰构件的创建方法		
		D 市政工程	（1）满足施工图设计及深化设计要求的道路路线工程专业构件创建	1）道路工程专业构件制图基本知识 ①机动车道 ②非机动车道 ③人行道 ④挡墙 ⑤护栏 ⑥雨水口 ⑦标志标线 ⑧标牌等	（1）方法：讲授法、项目教学法、演示法、实例练习法 （2）重点：道路工程专业构件创建 （3）难点：道路工程专业构件建模规则应用要求	10
				2）道路工程专业构件结构基本知识		
				3）精度满足施工图设计及深化设计要求的道路工程专业构件的创建方法		
			（2）满足施工图设计及深化设计要求的桥涵工程专业构件创建	1）桥涵工程制图基本知识 ①桩 ②承台 ③立柱 ④盖梁 ⑤箱梁 ⑥钢梁 ⑦支座 ⑧垫石 ⑨伸缩缝等	（1）方法：讲授法、项目教学法、演示法、实例练习法 （2）重点：桥涵工程专业构件创建 （3）难点：桥涵工程专业构件建模规则应用要求	10
				2）桥涵工程专业构件结构基本的知识		
				3）精度满足施工图设计及深化设计要求的桥涵工程专业构件的创建方法		

续表

模块	课程	学习单元		课程内容	培训建议	课堂学时
2. 模型创建与编辑	2-2 创建实体构件图元	D 市政工程	(3) 满足施工图设计及深化设计要求的隧道工程专业构件创建	1) 隧道工程构件制图基本知识 ①坡面防护结构 ②隧道内防排水 ③洞门结构 ④明洞结构 ⑤支护 ⑥衬砌 ⑦隧道基底等	(1) 方法：讲授法、项目教学法、演示法、实例练习法 (2) 重点：隧道工程模型构件创建 (3) 难点：隧道工程构件建模规则应用要求	10
				2) 隧道工程专业构件结构的基本知识		
				3) 精度满足施工图设计及深化设计要求的隧道工程专业构件的创建方法		
			(4) 满足施工图设计及深化设计要求的道路地下管网各专业工程模型构件创建	1) 地下管网各专业工程制图基本知识 ①地下给水管道工程 ②雨水管道工程 ③污水管道工程 ④消防水管道工程 ⑤燃气管道工程 ⑥电力管道工程 ⑦通信管道工程	(1) 方法：讲授法、项目教学法、演示法、实例练习法 (2) 重点：地下管网各专业工程模型构件创建 (3) 难点：地下管网各专业工程构件建模规则应用要求	28
				2) 地下各专业管网专业工程构件制图基本知识		
				3) 地下各专业管网专业工程构件建模规则要求		
				4) 精度满足施工图设计及深化设计要求的地下管网专业工程实体构件的创建方法		

续表

模块	课程	学习单元		课程内容	培训建议	课堂学时
2．模型创建与编辑	2-2 创建实体构件图元	E 公路工程	（1）满足施工图设计及深化设计要求的公路路线工程专业构件创建	1）公路路线工程制图基本知识 ①路堤 ②路堑 ③边坡 ④道路垫层 ⑤基层 ⑥面层 ⑦排水沟 ⑧边沟等	（1）方法：讲授法、项目教学法、演示法、实例练习法 （2）重点：公路路线工程专业构件创建 （3）难点：公路路线工程专业构件建模规则应用要求	16
				2）公路路线工程专业构件结构的基本知识		
				3）公路路线工程专业构件建模规则要求		
				4）精度满足施工图设计及深化设计要求的公路路线工程构件的创建方法		
			（2）满足施工图设计及深化设计要求的公路桥涵工程专业构件创建	1）公路桥涵工程构件制图基本知识 ①桩 ②承台 ③立柱 ④盖梁 ⑤箱梁 ⑥钢梁 ⑦支座 ⑧垫石 ⑨伸缩缝等	（1）方法：讲授法、项目教学法、演示法、实例练习法 （2）重点：公路桥涵工程专业构件创建 （3）难点：公路桥涵工程专业构件建模规则应用要求	16
				2）公路桥涵工程专业构件的结构基本知识		
				3）公路桥涵工程专业构件建模规则要求		
				4）精度满足施工图设计及深化设计要求的公路桥涵工程专业构件的创建方法		

续表

模块	课程	学习单元		课程内容	培训建议	课堂学时
2. 模型创建与编辑	2-2 创建实体构件图元	E 公路工程	(3) 满足施工图设计及深化设计要求的公路隧道工程专业构件创建	1) 公路隧道工程专业构件制图基本知识 ①坡面防护结构 ②洞口防排水 ③隧道内防排水 ④洞门结构 ⑤明洞结构 ⑥支护 ⑦衬砌 ⑧隧道基底等	(1) 方法：讲授法、项目教学法、演示法、实例练习法 (2) 重点：公路隧道工程模型专业构件创建 (3) 难点：公路隧道工程专业构件建模规则应用要求	14
				2) 公路隧道工程专业构件结构的基本知识		
				3) 公路隧道工程专业构件建模规则要求		
				4) 精度满足施工图设计及深化设计要求的公路隧道工程专业构件的创建方法		
			(4) 满足施工图设计及深化设计要求的交通安全工程专业构件创建	1) 交通安全工程专业构件制图基本知识 ①标线 ②标志 ③标牌 ④红绿灯 ⑤护栏 ⑥路灯 ⑦人行横道等	(1) 方法：讲授法、项目教学法、演示法、实例练习法 (2) 重点：交通安全工程专业构件创建 (3) 难点：交通安全工程专业构件建模规则应用要求	12
				2) 交通安全工程专业构件结构的基本知识		
				3) 交通安全工程专业构件建模规则要求		
				4) 精度满足施工图设计及深化设计要求的交通安全工程专业构件的创建方法		

续表

模块	课程	学习单元		课程内容	培训建议	课堂学时
2．模型创建与编辑	2-2　创建实体构件图元	F 铁路工程	(1) 满足施工图设计及深化设计要求的铁路站前工程各工程专业构件创建	1）铁路站前工程线路工程专业制图基本知识	(1) 方法：讲授法、项目教学法、演示法、实例练习法 (2) 重点：铁路站前工程各工程专业构件创建	34
				2）铁路站前工程桥涵工程专业制图基本知识 ①桩 ②承台 ③立柱 ④盖梁 ⑤箱梁 ⑥钢梁 ⑦支座 ⑧垫石 ⑨伸缩缝等		
				3）铁路站前工程隧道工程专业制图基本知识 ①坡面防护结构 ②洞口防排水 ③隧道内防排水 ④洞门结构 ⑤明洞结构 ⑥支护 ⑦衬砌 ⑧隧道基底等		
				4）铁路站前工程路基工程专业制图基本知识 ①路基本体 ②支挡结构 ③边坡防护 ④地基处理 ⑤排水系统 ⑥绿化系统 ⑦防护栏 ⑧附属结构等		

续表

<table>
<tr><th>模块</th><th>课程</th><th colspan="2">学习单元</th><th>课程内容</th><th>培训建议</th><th>课堂学时</th></tr>
<tr><td rowspan="9">2. 模型创建与编辑</td><td rowspan="9">2–2 创建实体构件图元</td><td rowspan="9">F 铁路工程</td><td rowspan="5">（1）满足施工图设计及深化设计要求的铁路站前工程各工程专业构件创建</td><td>5）铁路站前工程站场工程专业制图基本知识
①站台
②站内平过道
③标志标牌
④信号设备
⑤调速设备
⑥安全设备等</td><td rowspan="5">（3）难点：铁路站前工程各工程专业构件建模规则应用要求</td><td rowspan="5"></td></tr>
<tr><td>6）铁路站前工程轨道工程专业制图基本知识
①钢轨
②扣件
③轨枕
④道岔
⑤钢轨伸缩调节器
⑥道床
⑦附属设备等</td></tr>
<tr><td>7）铁路站前工程各工程专业构件结构的基本知识</td></tr>
<tr><td>8）铁路站前工程各工程专业构件建模规则要求</td></tr>
<tr><td>9）精度满足施工图设计及深化设计要求的铁路站前工程各工程专业构件的创建方法</td></tr>
<tr><td rowspan="4">（2）满足施工图设计及深化设计要求的铁路站后工程各工程专业构件创建</td><td>1）铁路站后工程组成接触网工程专业制图基本知识</td><td rowspan="4">（1）方法：讲授法、项目教学法、演示法、实例练习法
（2）重点：铁路站后工程各工程专业构件创建</td><td rowspan="4">24</td></tr>
<tr><td>2）铁路站后工程牵引变电工程专业制图基本知识</td></tr>
<tr><td>3）铁路站后工程电力工程专业制图基本知识</td></tr>
<tr><td>4）铁路站后工程的通信工程专业制图基本知识</td></tr>
</table>

续表

模块	课程	学习单元		课程内容	培训建议	课堂学时
2．模型创建与编辑	2-2　创建实体构件图元	F 铁路工程	（2）满足施工图设计及深化设计要求的铁路站后工程各工程专业构件创建	5）铁路站后工程的信号工程专业制图基本知识 6）铁路站后工程的信息工程专业制图基本知识 7）铁路站后工程自然灾害及异物侵限监测工程专业制图基本知识 8）铁路站后工程土地利用专业的构件创建 9）铁路站后工程景观工程专业制图基本知识 10）铁路站后工程综合维修工务设备工程专业制图基本知识 11）铁路站后工程给排水工程专业制图基本知识 12）铁路站后工程机务工程专业制图基本知识 13）铁路站后工程车辆设备工程专业制图基本知识 14）铁路站后工程各工程专业构件结构基本知识 15）铁路站后工程各工程专业构件建模规则要求 16）精度满足施工图设计及深化设计要求的铁路站后工程各工程专业构件的创建方法	（3）难点：铁路站后工程各工程专业构件建模规则应用要求	

续表

模块	课程	学习单元	课程内容	培训建议	课堂学时
2．模型创建与编辑	2-3　创建自定义参数化图元	（1）自定义参数化图元选择和辅助参数定位的创建	1）所需要参数化的构件制图基本知识	（1）方法：讲授法、演示法、实例练习法 （2）重点与难点：参数化图元选择	1
			2）所需要参数化的构件建模规则要求		
			3）图元类型的分类		
			4）参考点、参考线、参考平面等参照图元的定义		
			5）参考点、参考线、参考平面等参照图元的创建方法		
		（2）自定义参数化构件添加、删除参数	1）自定义参数化构件参数选择的基本知识	（1）方法：讲授法、演示法、实例练习法 （2）重点与难点：添加、删除参数	1
			2）自定义参数化构件参数添加的方法		
			3）自定义参数化构件参数删除的方法		
		（3）将构件的形体尺寸、材质等信息与添加的自定义参数进行关联和调整	1）构件的形体、尺寸、材质等信息与添加的自定义参数进行关联的方法	（1）方法：讲授法、演示法、实例练习法 （2）重点与难点：构件信息与添加的自定义参数关联和调整	1
			2）对图元形体、尺寸、材质等参数变化的重新设置方法		
			3）对图元形体、尺寸、材质等参数变化的调整方法		
		（4）自定义参数化图元的保存、使用	1）自定义参数化图元的保存	（1）方法：讲授法、演示法、实例练习法 （2）重点与难点：自定义参数图元调用	1
			2）项目模型中调用自定义参数化图元的方法		
		（5）连接件的创建及其尺寸与构件参数的关联	1）连接件的创建方法	（1）方法：讲授法、演示法、实例练习法 （2）重点与难点：连接件的尺寸与构件参数关联的方法	1
			2）连接件的尺寸与构件参数关联的方法		

续表

模块	课程	学习单元	课程内容	培训建议	课堂学时
3. 模型更新与协同	3-1 模型更新	(1) 模型数据的导入、导出和模型文件格式的转换	1) 模型数据的导入方法 2) 模型数据的导出方法 3) 模型格式转换方法	(1) 方法：讲授法、项目教学法、演示法 (2) 重点与难点：各专业模型数据的导入	1
		(2) 模型的更新与完善	1) 各专业不同阶段对模型的需求 2) 各专业不同阶段模型的更新方法	(1) 方法：讲授法、项目教学法、演示法 (2) 重点与难点：各专业不同阶段对模型的需求	1
	3-2 模型协同	(1) 建模图纸的导入和链接及对链接的模型、图纸进行删除、卸载等链接管理	1) 不同专业模型链接的方法 2) 不同专业模型链接应注意的问题 3) 建模所需图纸的处理方法 4) 建模所需图纸的导入和链接方法 5) 对链接的模型、图纸进行删除的操作方法 6) 对链接的模型、图纸进行卸载的操作方法	(1) 方法：讲授法、项目教学法、演示法 (2) 重点与难点：不同专业模型的链接应注意的问题	1
		(2) 单专业、多专业模型的协同及整合	1) 单专业模型协同的操作方法 2) 单专业模型整合的操作方法 3) 多专业模型协同的操作方法 4) 多专业模型整合的操作方法	(1) 方法：讲授法、项目教学法、演示法 (2) 重点与难点：多专业模型协同	1

续表

模块	课程	学习单元	课程内容	培训建议	课堂学时
4．模型注释与视图创建	4-1　标注和标记	（1）标注的设定、创建与编辑	1）各专业标注类型的制图知识 2）各专业标注类型的图样规定 3）各专业标注类型及其标注样式的设定方法 4）各专业标注的创建与编辑方法	（1）方法：讲授法、演示法、实例练习法 （2）重点与难点：标注的创建与编辑	1
		（2）标记的设定、创建与编辑	1）各专业标记类型的制图知识 2）各专业标记类型的图样规定 3）各专业标注记型及其标注样式的设定方法 4）各专业标记的创建与编辑方法	（1）方法：讲授法、演示法、实例练习法 （2）重点与难点：标记的创建与编辑	1
	4-2　创建视图	（1）项目视图样板的定义	1）项目中对视图的要求 2）视图样板生成的操作方法	（1）方法：讲授法、演示法、实例练习法 （2）重点与难点：视图样板生成的操作	1
		（2）平面、立面、剖面视图显示的样式与参数的设置	1）平面、立面、剖面视图制图的基本知识 2）平面、立面、剖面视图显示样式及参数的设置方法	（1）方法：讲授法、演示法、实例练习法 （2）重点与难点：平面、立面、剖视图的参数编辑	1
		（3）三维视图显示的样式与参数的设置	1）三维视图制图的基本知识 2）三维视图显示样式及参数的设置方法	（1）方法：讲授法、演示法、实例练习法 （2）重点与难点：三维视图的参数编辑	1

续表

模块	课程	学习单元	课程内容	培训建议	课堂学时
5. 成果输出	5-1　模型保存	成果类型、样式的保存（另存为）及建模软件成果文件类型的输出	1）建模软件保存的成果文件类型及样式 2）建模软件另存为的成果文件类型及样式 3）建模软件输出不同格式成果文件的作用 4）建模软件输出不同格式成果文件类型的操作方法	（1）方法：讲授法、演示法 （2）重点与难点：输出不同格式成果文件类型的操作	1
	5-2　图纸创建	（1）图纸样板的创建	1）各专业图纸样板的规范要求 2）图纸样板的设置方法	（1）方法：演示法、实例练习法 （2）重点与难点：各专业图纸样板的要求	1
		（2）专业图纸规范的图层、线型、文字等内容设置	1）专业图纸中图层、线型、文字的规范要求 2）图纸中图层、线型、文字等内容的设置方法	（1）方法：演示法、实例练习法 （2）重点与难点：各专业图纸图层、线型、文字的设置	1
	5-3　效果展现	（1）模型渲染	1）模型渲染复杂、详细参数的设置方法 2）模型渲染的输出方法	（1）方法：演示法、实例练习法 （2）重点与难点：模型渲染的参数设置	1
		（2）模型漫游	1）模型漫游复杂、详细参数的设置方法 2）模型漫游的输出方法	（1）方法：演示法、实例练习法 （2）重点与难点：漫游成果的参数设置	1
	5-4　文档输出	（1）碰撞检查报告、实施方案、建模标准等技术文件的编制	1）碰撞检查报告、实施方案、建模标准等技术文件的基本知识 2）碰撞检查报告、实施方案、建模标准等技术文件的表达样式	（1）方法：讲授法、演示法 （2）重点与难点：各技术文件的编制	1

续表

模块	课程	学习单元	课程内容	培训建议	课堂学时
5. 成果输出	5-4 文档输出	(2) 建模类汇报资料的编制	1) 建模类汇报资料的编制规范 2) 建模类汇报资料的编制方法	(1) 方法：讲授法、演示法 (2) 重点与难点：汇报资料的编制	1
6. 培训与指导	6-1 培训	(1) 对四级/中级的建模培训计划和方案的制定及实施	1) 四级/中级建模标准的讲义编写 2) 四级/中级建模标准的培训 3) 培训方案的编写 4) 培训计划的制定	(1) 方法：讲授法 (2) 重点与难点：培训内容的实施	1
		(2) 建模培训大纲和教材的编写	1) 培训大纲的编写 2) 培训教材的编写	(1) 方法：讲授法 (2) 重点与难点：培训教材的编制	1
	6-2 指导	(1) 对四级/中级建模准备、编制技术资料文件、梳理工作内容及要求的指导	1) 指导检查建模前准备工作（如场地、软件、设备、建模标准等） 2) 指导排除准备工作中常见问题 3) 指导编写技术资料文件清单 4) 指导保存技术资料文件 5) 指导整理工作内容及要求 6) 指导修改工作内容及要求	(1) 方法：讲授法 (2) 重点与难点：各项工作指导	1
		(2) 对四级/中级的学习效果评估	评估四级/中级的学习效果 ①技能水平测试 ②知识水平测试 ③态度、礼仪测试 ④综合评定	(1) 方法：讲授法 (2) 重点与难点：技能评估测试	1
课堂学时合计					90

注：三级/高级专业的学习单元中，A、B、C、D、E、F 六个方向内容只需选择一个。

2.2.5 培训建议中培训方法说明

1. 讲授法

讲授法指教师主要运用语言讲述，系统地向学员传授知识、传播思想理念的教学方法，即教师通过叙述、描绘、解释、推论来传递信息、传授知识、阐明概念、论证定律和公式，引导学员获取知识，认识和分析问题。

2. 讨论法

讨论法指在教师的指导下，学员以班级或小组为单位，围绕学习单元的内容，对某一专题进行深入探讨，通过讨论或辩论活动，从而获得知识或巩固知识的一种教学方法，要求教师在讨论结束时对讨论的主题做归纳性总结。

3. 实例练习法

实例练习法指学员在教师的指导下巩固知识、运用知识，形成技能技巧的教学方法。通过实际操作的练习，形成操作技能。

4. 参观法

参观法指教师组织或指导学员进行实地观察、调查、研究和学习，使学员获得新知识或巩固已学知识的教学方法。参观教学法可细分为准备性参观、并行性参观、总结性参观等。

5. 演示法

演示法指在教学过程中，教师通过示范操作和讲解使学员获得知识、技能的教学方法。教学中，教师对操作内容进行现场演示，边操作边讲解，强调操作的关键步骤和注意事项，使学员边学边做，理论与技能并重，师生互动，提高学生的学习兴趣和学习效率。

6. 案例教学法

案例教学法指通过对案例进行分析，提出问题，分析问题，并找到解决问题的途径和手段，培养学员分析问题、处理问题能力的教学方法。

7. 项目教学法

项目教学法指以实际应用为目的，将理论知识与实际工作相结合，通过师生共同完成一个完整的项目工作，使学员获得知识和实践操作能力与解决实际问题能力的教学方法。其实施以小组为学习单位，步骤一般分为确定项目任务、计划、决策、实施、检查和评价 6 个步骤。强调学员在学习过程中的主体地位，以学员为中心，以学员学习为主、教师指导为辅，通过完成教学项目，激发学员的学习积极性，使学员既获得相关理论知识，又掌握实践技能和工作方法，提高学员解决实际问题的综合能力。

8. 角色扮演法

角色扮演法指学员通过不同角色的扮演，体验自身角色的内涵活动和对方角色的心理，充分展现各种角色的“为”和“位”的教学方法。

9. 情景表演法

情景表演法指教师在实施培训前事先准备和布置培训现场，并设定情景表演的情景、对话内容及评估标准，通过学员现场的情景表演活动以及教师对活动效果的及时评估，从而达到培训的预期效果的教学方法。

10. 实物示教法

实物示教法指教师通过实物的操作演示或对学员实物操作演示的评价，实现对学员技能操作步骤和要领掌握情况的检查、纠错、修正，并演示正确操作方法的一种教学方法。

11. 观摩法

观摩法指让学员通过现场观摩、观看视频等形式，学习、获取知识、技能的一种教学方法。

2.3 考核规范

2.3.1 职业基本素质培训考核规范

考核范围	考核比重（%）	考核内容	考核比重（%）	考核单元
1. 职业认知与职业道德	15	1–1 职业认知	5	职业认知
		1–2 职业道德基本知识	5	道德与职业道德
		1–3 职业守则	5	职业守则
2. 制图基本知识	50	2–1 制图国家标准	10	制图国家标准
		2–2 投影方法	10	投影方法
		2–3 工程图识读方法	30	工程图识读方法

续表

考核范围	考核比重（%）	考核内容	考核比重（%）	考核单元
3．建筑信息模型基础知识	25	3-1 建筑信息模型概念及应用现状	5	建筑信息模型的概念及应用现状
		3-2 建筑信息模型特点、作用和价值	5	建筑信息模型的特点、作用和价值
		3-3 建筑信息模型应用软硬件及分类	5	建筑信息模型的应用软硬件及分类
		3-4 项目各阶段建筑信息模型应用	5	项目各阶段建设信息模型应用
		3-5 建筑信息模型应用工作组织和流程	5	建筑信息模型应用工作组织和流程
4．相关法律、法规知识	10	4-1 法律法规	5	法律法规
		4-2 规范标准	5	规范标准

2.3.2 五级／初级职业技能培训理论知识考核规范

考核范围	考核比重（%）	考核内容	考核比重（%）	考核单元
1．项目准备	10	1-1 建模环境设置	4	（1）根据实际项目要求，区分不同类型的建筑信息模型软件
				（2）识别建筑信息模型软件的授权及注册情况
		1-2 建模准备	6	（1）应用已设置好的模型视图及视图样板
				（2）解读实施方案并及时反馈问题
				（3）解读建模规则并及时反馈问题
2．模型浏览与编辑	30	2-1 模型浏览	15	（1）在平面、立面、剖面、三维等视图进行模型查看
				（2）对整体或局部模型进行转动、平移、缩放、剖切等操作
				（3）通过不同的视点浏览模型
				（4）隐藏、隔离模型构件
				（5）整合、查看链接的各专业模型

续表

考核范围	考核比重（%）	考核内容	考核比重（%）	考核单元
2．模型浏览与编辑		2-2 模型编辑	15	（1）模型中各类图元属性的查看
				（2）模型中各类图元的移动、复制、旋转、镜像、删除等操作
				（3）项目信息、项目单位等参数的调整
3．模型注释	10	3-1 模型标注	6	（1）查看模型的不同类型标注
				（2）对长度、角度、高程等进行简单标注
				（3）调整标注的显示样式，如字体、大小、颜色等
		3-2 模型标记	4	（1）查看模型的不同类型标记与注释
				（2）对模型构件添加注释和云线标记等操作
4．平台应用与管理	30	4-1 资料管理	6	（1）通过平台客户端或移动端上传、下载资料文件
				（2）通过平台客户端或移动端查看资料文件
				（3）新建文件夹，进行文件层级管理
		4-2 模型管理	8	（1）通过平台客户端或移动端查看模型及模型构件属性
				（2）通过平台客户端或移动端进行模型的转动、平移、缩放、剖切等操作
				（3）通过平台客户端或移动端测量及标注模型
				（4）通过平台客户端或移动端按报审流程提交模型
		4-3 进度管理	4	（1）导入进度计划至平台中
				（2）利用平台将进度计划与模型进行关联
		4-4 成本管理	4	（1）导入造价信息至平台中
				（2）利用平台将造价信息与模型进行关联
		4-5 质量管理	4	（1）通过文字、图片、语音、视频、附件和其关联的模型构件对质量问题进行描述
				（2）通过移动端将现场发现的质量问题上传至平台

续表

考核范围	考核比重（%）	考核内容	考核比重（%）	考核单元
4．平台应用与管理		4–6　安全管理	4	（1）通过文字、图片、语音、视频、附件和其关联的模型构件对安全问题进行描述
				（2）通过移动端将现场发现的安全问题上传至平台
5．成果输出	20	5–1　模型保存	6	（1）使用建筑信息模型集成应用平台和建模软件打开模型文件
				（2）使用建筑信息模型集成应用平台和建模软件保存模型文件
				（3）使用建筑信息模型集成应用平台和建模软件输出不同格式的模型成果文件
		5–2　图纸创建	6	（1）对建模软件创建的图纸进行查看
				（2）对查看的图纸进行保存
				（3）在模型内对创建的图纸重新命名及备注信息
		5–3　效果展现	8	（1）直接查看渲染图或漫游视频文件
				（2）使用建筑信息模型软件打开已完成的渲染或漫游文件进行局部细节查看

2.3.3　五级／初级职业技能培训操作技能考核规范

考核范围	考核比重（%）	考核内容	考核比重（%）	考核形式	选考方式	考核时间（分钟）	重要程度
1．项目准备	10	1–1　建模环境设置	4	实操	必考	10	Y
		1–2　建模准备	6	实操	必考		Y
2．模型浏览与编辑	30	2–1　模型浏览	15	实操	必考	15	X
		2–2　模型编辑	15	实操	必考		X
3．模型注释	10	3–1　模型标注	6	实操	必考	10	Y
		3–2　模型标记	4	实操	必考		Y

续表

考核范围	考核比重（%）	考核内容	考核比重（%）	考核形式	选考方式	考核时间（分钟）	重要程度
4．平台应用与管理	30	4-1　资料管理	6	实操	必考	30	X
		4-2　模型管理	8	实操	必考		X
		4-3　进度管理	4	实操	必考		X
		4-4　成本管理	4	实操	必考		X
		4-5　质量管理	4	实操	必考		X
		4-6　安全管理	4	实操	必考		X
5．成果输出	20	5-1　模型保存	6	实操	必考	20	X
		5-2　图纸创建	6	实操	必考		X
		5-3　效果展现	8	实操	必考		Y

重要程度说明：“X”表示核心要素，是鉴定中最重要、出现频率最高的内容，具有必备性、典型性特点；“Y”表示一般要素，是鉴定中一般重要的内容。

2.3.4　四级 / 中级职业技能培训理论知识考核规范

考核范围	考核比重（%）	考核内容	考核比重（%）	考核单元
1．项目准备	20	1-1　建模环境设置	10	（1）软件安装与卸载
				（2）项目样板的选择设置
		1-2　建模准备	10	（1）建模基本流程、模型细度标准
				（2）建模协同的方式
2．模型创建与编辑	40	2-1　基准图元的创建	5	（1）标高和轴网的创建与标注
				（2）标高和轴网的编辑
				（3）参照平面与参照线的创建、工作平面的设置
		2-2　建筑墙体、门窗与幕墙、楼板与屋顶等建筑图元的创建	8	（1）墙体的创建与参数设置
				（2）门的创建与参数设置
				（3）窗的创建与参数设置
				（4）幕墙的创建与参数设置
				（5）楼板的创建与参数设置
				（6）屋顶的创建与参数设置

续表

考核范围	考核比重（%）	考核内容	考核比重（%）	考核单元
2．模型创建与编辑		2-3 柱、梁、板、基础等结构构件的创建	4	（1）柱的创建与参数设置
				（2）梁的创建与参数设置
				（3）板的创建与参数设置
				（4）基础的创建与参数设置
		2-4 栏杆、扶手、楼梯、洞口和坡道的创建与编辑	4	（1）栏杆、扶手的创建
				（2）楼梯的创建
				（3）洞口的创建
				（4）坡道的创建
		2-5 模型浏览	3	（1）过滤、筛分并浏览各类别模型，切换多窗口形式浏览并对比模型
				（2）模型显示样式
		2-6 模型编辑	16	（1）模型各类图元的基本操作
				（2）模型各类图元的连接关系
				（3）墙体的类型
				（4）墙体类型的编辑
				（5）门窗参数的编辑
				（6）幕墙参数的编辑
				（7）楼板参数的编辑
				（8）屋顶信息的编辑
3．模型注释与视图创建	20	3-1 标注	4	（1）不同类型的标注创建
				（2）标注类型的编辑与修改
		3-2 标记	6	（1）构件类别、材质的标记
				（2）文字及符号注释
		3-3 创建视图	10	（1）视图样板的管理和三维视图的创建
				（2）平面、立面、剖面视图的创建

续表

考核范围	考核比重（%）	考核内容	考核比重（%）	考核单元
4．成果输出	20	4–1　模型保存	2	模型文件的打开和输出
		4–2　图纸创建	2	（1）图纸的创建和显示设置
				（2）按建筑设计制图规范注释尺寸，创建并优化各种构件的平面、立面、剖面、大样图
				（3）输出、打印、保存图纸
		4–3　明细表的统计	8	（1）明细表的识别及创建
				（2）明细表的设置
				（3）明细表的导出
		4–4　效果展现	8	（1）各建筑构件赋予材质属性、外观色彩属性
				（2）渲染视口的创建与渲染的设置
				（3）漫游相机和路径的设置
				（4）输出漫游视频动画的方法

2.3.5　四级 / 中级职业技能培训操作技能考核规范

考核范围	考核比重（%）	考核内容	考核比重（%）	考核形式	选考方式	考核时间（分钟）	重要程度
1．项目准备	20	1–1　建模环境设置	10	实操	必考	10	X
		1–2　建模准备	10	实操	必考		X
2．模型创建与编辑	40	2–1　基础图元的创建	5	实操	必考	75	X
		2–2　建筑墙体、门窗、幕墙、楼板、屋顶等建筑图元的创建	8	实操	必考		X
		2–3　柱、梁、板、基础等结构构件的创建	4	实操	必考		X
		2–4　栏杆、扶手、楼梯、洞口和坡道的创建与编辑	4	实操	必考		X
		2–5　模型浏览	3	实操	必考		Y
		2–6　模型编辑	16	实操	必考		Y

续表

考核范围	考核比重（%）	考核内容	考核比重（%）	考核形式	选考方式	考核时间（分钟）	重要程度
3．模型注释与视图创建	20	3-1　标注	4	实操	必考	15	X
		3-2　标记	6	实操	必考		X
		3-3　创建视图	10	实操	必考		X
4．成果输出	20	4-1　模型保存	2	实操	必考	20	X
		4-2　图纸创建	2	实操	必考		X
		4-3　明细表的统计	5	实操	必考		X
		4-4　效果展现	2	实操	必考		Y

2.3.6　三级 / 高级职业技能培训理论知识考核规范

考核范围	考核比重（%）	考核内容		考核比重（%）	考核单元
1．项目准备	10	1-1　建模环境设置		5	（1）建模中软硬件设备的基本要求和建模软件的安装
					（2）建模中样板文件的设置需求
		1-2　建模准备		5	（1）建模流程的设置与改进
					（2）建模规则的解读与改进
					（3）相关专业建模图纸的处理与问题反馈
2．模型创建与编辑	50	2-1　创建基准图元		5	（1）相关专业的标高、轴网等空间定位图元的创建
					（2）基准图元的类型选择与创建
		2-2　创建专业实体构件	A 建筑工程	40	（1）满足施工图设计及深化设计要求的建筑工程主体构件创建
					（2）满足施工图设计及深化设计要求的建筑工程附属构件创建
					（3）满足施工图设计及深化设计要求的结构工程业主体构件创建
					（4）满足施工图设计及深化设计要求的结构工程附属构件创建

续表

考核范围	考核比重（%）	考核内容		考核比重（%）	考核单元
2．模型创建与编辑		2-2　创建专业实体构件	B 机电工程	40	（1）满足施工图设计及深化设计要求的水系统各专业工程（给排水、消防水、空调水、采暖）管路构件创建
					（2）满足施工图设计及深化设计要求的水系统各专业工程（给排水、消防水、空调水、采暖）设备功能构件创建
					（3）满足施工图设计及深化设计要求的风系统各专业工程（通风、空调、防排烟）管路构件创建
					（4）满足施工图设计及深化设计要求的风系统各专业工程（通风、空调、防排烟）设备功能构件创建
					（5）满足施工图设计及深化设计要求的电气系统各专业工程（供配电、知智能化、消防）管路构件创建
					（6）满足施工图设计及深化设计要求的电气系统各专业工程（供配电、知智能化、消防）设备功能构件创建
			C 装饰装修工程	40	（1）满足施工图设计及深化设计要求的楼地面和门窗构件创建
					（2）满足施工图设计及深化设计要求的吊顶构件创建
					（3）满足施工图设计及深化设计要求的饰面构件创建
					（4）满足施工图设计及深化设计要求的幕墙构件创建
					（5）满足施工图设计及深化设计要求的厨房、卫生间、家具及其他装饰构件创建

续表

考核范围	考核比重（%）	考核内容		考核比重（%）	考核单元
2. 模型创建与编辑		2-2 创建专业实体构件	D 市政工程	40	（1）满足施工图设计及深化设计要求的道路路线工程专业构件创建
					（2）满足施工图设计及深化设计要求的桥涵工程专业构件创建
					（3）满足施工图设计及深化设计要求的隧道工程专业构件创建
					（4）满足施工图设计及深化设计要求的道路地下管网工程构件创建
			E 公路工程	40	（1）满足施工图设计及深化设计要求的公路路线工程专业构件创建
					（2）满足施工图设计及深化设计要求的公路桥涵专业构件创建
					（3）满足施工图设计及深化设计要求的公路隧道专业构件创建
					（4）满足施工图设计及深化设计要求的交通安全构件创建
			F 铁路工程	40	（1）满足施工图设计及深化设计要求的铁路站前工程各模型构件创建
					（2）满足施工图设计及深化设计要求的铁路站后工程各模型构件创建
		2-3 创建自定义参数化图元		5	（1）自定义参数图元的选择和辅助定位参数创建
					（2）自定义参数化构件添加、删除、更改的参数
					（3）将构件和图元的形体、尺寸、材质等信息与添加的自定义参数进行关联和参数调整
					（4）自定义参数化图元的保存、在项目模型中的使用
					（5）连接件的创建及其尺寸与构件参数的关联

续表

考核范围	考核比重（%）	考核内容	考核比重（%）	考核单元
3．模型更新与协同	10	3-1　模型更新	3	（1）模型数据的导入、导出，模型文件格式的转换
				（2）模型的更新与完善
		3-2　模型协同	7	（1）不同专业模型的链接方法；建模图纸的导入和链接；对链接的模型、图纸进行删除、卸载等链接管理
				（2）单专业模型、多专业模型的协同及整合
4．模型注释与视图创建	10	4-1　标注和标记	6	（1）标注的样式设定、创建与编辑
				（2）标记的样式设定、创建与编辑
		4-2　创建视图	4	（1）项目视图样板的定义
				（2）平面、立面、剖面视图显示的样式与参数的设置
				（3）三维视图显示的样式与参数的设置
5．成果输出	10	5-1　模型保存	2	成果类型、样式的保存（另存为）及建模软件成果文件类型的输出
		5-2　图纸创建	2	（1）图纸样板的创建
				（2）专业图纸规范的图层、线型、文字等内容设置
		5-3　效果展现	4	（1）模型渲染
				（2）模型漫游
		5-4　文档输出	2	（1）碰撞检查报告、实施方案、建模标准等技术文件的编制
				（2）建模类汇报资料的编制
6．培训与指导	10	6-1　培训	5	（1）对四级／中级的建模培训计划和方案的制定及实施
				（2）建模培训大纲和教材的编写

续表

考核范围	考核比重（%）	考核内容	考核比重（%）	考核单元
6．培训与指导		6-2　指导	5	（1）对四级／中级建模准备、编制技术资料文件、梳理工作内容及要求的指导
				（2）对四级／中级的学习效果的评估

注：三级／高级专业职业技能培训理论知识考核时，A、B、C、D、E、F 六个方向内容只需选择一个。

2.3.7　三级／高级职业技能培训操作技能考核规范

考核范围	考核比重（%）	考核内容		考核比重（%）	考核形式	选考方式	考核时间（分钟）	重要程度
1．BIM项目准备	10	1-1　建模环境设置		5	实操	必考	10	X
		1-2　建模准备		5	实操	必考		X
2．模型创建与编辑	50	2-1　创建基准图元		5	实操	必考	10	X
		2-2　创建专业试题构件	A 建筑工程	40	实操	必考	70	X
			B 机电工程	40	实操	必考	70	X
			C 装饰装修工程	40	实操	必考	70	X
			D 市政工程	40	实操	必考	70	X
			E 公路工程	40	实操	必考	70	X
			F 铁路工程	40	实操	必考	70	X
		2-3　创建自定义参数化图元		5	实操	必考	10	X
3．模型更新与协同	10	3-1　模型更新		3	实操	必考	15	X
		3-2　模型协同		7	实操	必考		Y
4．模型注释与视图创建	10	4-1　标注与标记		6	实操	必考	15	X
		4-2　创建视图		4	实操	必考		X

续表

考核范围	考核比重（%）	考核内容	考核比重（%）	考核形式	选考方式	考核时间（分钟）	重要程度
5．成果输出	10	5-1　模型保存	2	实操	必考	10	X
		5-2　创建图纸	2	实操	必考		X
		5-3　效果展示	4	实操	必考		X
		5-4　文档输出	2	实操	必考		X
6．培训与指导	10	6-1　培训	5	笔试	不必考	提前完成	Y
		6-2　指导	5	笔试	不必考	提前完成	Y

注：三级/高级专业的操作技能考核时，A、B、C、D、E、F 六个方向内容只需选择一个。

附录

培训要求与课程规范对照表

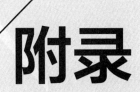

附录 1　职业基本素质培训要求与课程规范对照表

2.1.1　职业基本素质培训要求			2.2.1　职业基本素质培训课程规范			
职业基本素质模块	培训内容（课程）	培训细目	学习单元	课程内容	培训建议	课堂学时
1. 职业认知与职业道德	1-1　职业认知	（1）建筑信息模型技术员简介 （2）建筑信息模型技术员的工作内容	职业认知	1）建筑业认知	（1）方法：讲授法 （2）重点与难点：建筑信息模型技术员的工作内容	1
				2）建筑信息模型技术员职业认知		
	1-2　职业道德基本知识	（1）“四德”建设的主要内容 （2）社会主义核心价值观 （3）职业道德修养 （4）建筑信息模型技术员职业道德规范	道德与职业道德	1）“四德”建设的主要内容 ①道德的含义 ②维持道德的依据 ③公民道德规范	（1）方法：讲授法、案例教学法 （2）重点与难点：建筑信息模型技术员职业道德规范	1
				2）社会主义核心价值观		
				3）职业道德修养 ①职业道德的概念 ②各行业共同的道德内容 ③服务态度、服务质量、职业道德三者的关系 ④加强职业道德修养		
				4）建筑信息模型技术员职业道德规范		
	1-3　职业守则	建筑信息模型技术员职业守则	职业守则	1）遵纪守法，爱岗敬业	（1）方法：讲授法、案例教学法 （2）重点与难点：建筑信息模型技术员的职业守则	1
				2）诚实守信，认真严谨		
				3）尊重科学，精益求精		
				4）团结合作，勇于创新		
				5）终身学习，奉献社会		
2. 制图基本知识	2-1　制图国家标准	（1）图纸幅面规格与图纸排列顺序 （2）图线 （3）字体 （4）比例 （5）常用符号 （6）常用建筑材料图例	制图国家标准	1）图纸幅面规格与图纸排列顺序	（1）方法：讲授法、案例教学法 （2）重点与难点：常用符号、尺寸标注	1
				2）图线		
				3）字体		
				4）比例		
				5）常用符号 ①轴线轴号 ②标高、坡度符号 ③尺寸标注 ④索引符号及详图符号 ⑤剖切符号 ⑥其他符号		
				6）常用建筑图例		

续表

2.1.1 职业基本素质培训要求			2.2.1 职业基本素质培训课程规范			
职业基本素质模块	培训内容（课程）	培训细目	学习单元	课程内容	培训建议	课堂学时
2．制图基本知识	2-2 投影表示方法	（1）正投影 （2）轴测投影 （3）透视投影	投影表示方法	1）正投影 ①投影法概述 ②正投影法基本原理 ③剖面图和断面图 2）轴测投影 3）透视投影	（1）方法：讲授法、案例教学法 （2）重点与难点：正投影法基本原理，轴测投影	3
	2-3 工程图识读方法	（1）识读建筑施工图 （2）识读结构施工图 （3）识读设备施工图	工程图识读方法	1）识读建筑施工图 ①建筑施工图基本知识 ②首页图与总平面图识读 ③建筑平面图识读 ④建筑立面图识读 ⑤建筑剖面图识读 ⑥建筑详图识读 2）识读结构施工图 ①结构施工图基本知识 ②基础平面图识读 ③基础详图识读 ④柱平法施工图识读 ⑤剪力墙平法施工图识读 ⑥梁平法施工图识读 ⑦板平法施工图识读 ⑧楼梯结构详图识读 3）识读设备施工图 ①建筑水暖电施工图基本知识 ②室内给水施工图识读 ③室内排水施工图识读 ④室外给水排水施工图识读 ⑤采暖施工图识读 ⑥室内电气照明施工图识读	（1）方法：讲授法、案例教学法 （2）重点与难点：识读建筑施工图	24
3．建筑信息模型基础知识	3-1 建筑信息模型概念及应用现状	（1）建筑信息模型的概念 （2）建筑信息模型在全球的发展情况 （3）建筑信息模型在我国的应用现状	建筑信息模型概念及应用现状	1）建筑信息模型的概念 2）建筑信息模型在全球的发展情况 3）建筑信息模型在我国的应用现状	（1）方法：讲授法 （2）重点与难点：建筑信息模型在我国的应用现状	1
	3-2 建筑信息模型特点、作用和价值	（1）建筑信息模型的特征 （2）建筑信息模型的作用和价值	建筑信息模型特点、作用和价值	1）建筑信息模型的特征 2）建筑信息模型的作用和价值	（1）方法：讲授法、案例教学法 （2）重点与难点：建筑信息模型的价值	1

续表

2.1.1 职业基本素质培训要求			2.2.1 职业基本素质培训课程规范			
职业基本素质模块	培训内容（课程）	培训细目	学习单元	课程内容	培训建议	课堂学时
3．建筑信息模型基础知识	3-3 建筑信息模型应用软硬件及分类	（1）建筑信息模型的应用软件 （2）建筑信息模型技术应用电脑配置选型	建筑信息模型应用软硬件及分类	1）建筑信息模型的应用软件	（1）方法：讲授法、案例教学法 （2）重点与难点：建筑信息模型的应用软件	1
				2）建筑信息模型技术应用电脑配置选型		
	3-4 项目各阶段建筑信息模型应用	（1）规划阶段建筑信息模型应用 （2）设计阶段建筑信息模型应用 （3）施工阶段建筑信息模型应用 （4）运维阶段建筑信息模型应用	项目各阶段建筑信息模型应用	1）在规划阶段的应用	（1）方法：讲授法、案例教学法 （2）重点与难点：设计阶段建筑信息模型应用	1
				2）在设计阶段的应用		
				3）在施工阶段的应用		
				4）在运维阶段的应用		
	3-5 建筑信息模型应用工作组织和流程	（1）建筑信息模型应用工作组织 （2）建筑信息模型应用工作流程	建筑信息模型应用工作组织和流程	1）建筑信息模型应用工作组织 ①人力资源组织 ②模型资源组织 ③ IT 环节架构	（1）方法：讲授法、案例教学法 （2）重点与难点：建筑信息模型应用的工作流程	1
				2）建筑信息模型应用工作流程 ①基于建筑信息模型的工作流程总述 ②方案设计阶段的工作流程 ③初步设计阶段的工作流程 ④施工图阶段的工作流程		
4．相关法律、法规知识	4-1 法律法规	（1）《中华人民共和国劳动法》 （2）《中华人民共和国劳动合同法》 （3）《中华人民共和国建筑法》 （4）《中华人民共和国招标投标法》 （5）《中华人民共和国经济合同法》	法律法规	1）《中华人民共和国劳动法》	（1）方法：讲授法 （2）重点与难点：《中华人民共和国劳动合同法》	2
				2）《中华人民共和国劳动合同法》		
				3）《中华人民共和国建筑法》		
				4）《中华人民共和国招标投标法》		
				5）《中华人民共和国经济合同法》		

续表

2.1.1 职业基本素质培训要求			2.2.1 职业基本素质培训课程规范			
职业基本素质模块	培训内容（课程）	培训细目	学习单元	课程内容	培训建议	课堂学时
4．相关法律、法规知识	4-2 规范标准	（1）《建筑信息模型应用统一标准》 （2）《建筑信息模型设计交付标准》 （3）《建筑信息模型施工应用标准》 （4）《建筑信息模型分类和编码标准》 （5）《民用建筑设计统一标准》 （6）《建筑设计防火规范》 （7）《无障碍设计规范》 （8）《住宅设计规范》 （9）《公共建筑节能设计标准》 （10）《工程建设标准强制性条文：房屋建筑部分》 （11）《智能建筑设计标准》	规范标准	1）《建筑信息模型应用统一标准》 2）《建筑信息模型设计交付标准》 3）《建筑信息模型施工应用标准》 4）《建筑信息模型分类和编码标准》 5）《民用建筑设计统一标准》 6）《建筑设计防火规范》 7）《无障碍设计规范》 8）《住宅设计规范》 9）《公共建筑节能设计标准》 10）《工程建设标准强制性条文：房屋建筑部分》 11）《智能建筑设计标准》	（1）方法：讲授法 （2）重点与难点：《建筑信息模型应用统一标准》《建筑信息模型设计交付标准》《建筑信息模型施工应用标准》《建筑信息模型分类和编码标准》	2
课堂学时合计						40

附录 2　五级 / 初级职业技能培训要求与课程规范对照表

2.1.2 五级 / 初级职业技能培训要求				2.2.2 五级 / 初级职业技能培训课程规范			
职业功能模块	培训内容（课程）	技能目标	培训细目	学习单元	课程内容	培训建议	课堂学时
1．项目准备	1-1 建模环境设置	1-1-1 能根据实际项目要求区分不同类型的建筑信息模型软件	（1）项目实际需求的识别	（1）根据实际项目要求区分不同类型的建筑信息模型软件	1）计算机相关知识 ①常见建筑信息模型软件的启动和关闭 ②常见建筑信息模型软件的文件格式	（1）方法：讲授法、案例教学法 （2）重点：常见建筑信息模型软件的功能	1

续表

2.1.2 五级 / 初级职业技能培训要求				2.2.2 五级 / 初级职业技能培训课程规范			
职业功能模块	培训内容（课程）	技能目标	培训细目	学习单元	课程内容	培训建议	课堂学时
1．项目准备	1-1 建模环境设置		（2）不同类型的建筑信息模型软件的区分		2）建筑信息模型软件分类知识 ①常见建筑信息模型软件的功能 ②常见建筑信息模型软件的文件格式 ③常见建筑信息模型软件的使用范围	（3）难点：常见建筑信息模型软件的文件格式	
		1-1-2 能识别建筑信息模型软件的授权及注册情况	建筑信息模型软件的授权及注册情况的识别	（2）识别建筑信息模型软件的授权及注册情况	1）计算机基本知识 ①常见建筑信息模型软件的授权查看 ②常见建筑信息模型软件的注册方法 2）网络配置基本知识 ①网络的连接设置 ②网络的测试 ③常见建筑信息模型软件的联网注册方法	（1）方法：讲授法、案例教学法 （2）重点：常见建筑信息模型软件的授权查看 （3）难点：网络配置基本知识	1
	1-2 建模准备	1-2-1 能应用已设置好的模型视图及视图样板	已设置好的模型视图及视图样板的应用	（1）应用已设置好的模型视图及视图样板	1）根据项目专业选择项目样板 2）项目样板的载入与查看 3）项目样板的保存	（1）方法：讲授法、案例教学法 （2）重点：项目样板的载入与查看 （3）难点：根据项目专业选择项目样板	1
		1-2-2 能解读实施方案并及时反馈问题	（1）实施方案的解读 （2）及时反馈实施方案的问题	（2）解读实施方案并及时反馈问题	1）实施方案要求的解读 2）发现并反馈实施方案中的问题	（1）方法：讲授法、案例教学法、讨论法 （2）重点：实施方案要求的解读 （3）难点：发现并反馈实施方案中的问题	1
		1-2-3 能解读建模规则并及时反馈问题	（1）建模规则的解析 （2）及时反馈建模规则中的问题	（3）解读建模规则并及时反馈问题	1）建模规则的解读 2）发现并反馈建模规则中的问题	（1）方法：讲授法、案例教学法、讨论法 （2）重点：建模规则的解读 （3）难点：发现并反馈建模规则中的问题	1

续表

2.1.2 五级 / 初级职业技能培训要求				2.2.2 五级 / 初级职业技能培训课程规范			
职业功能模块	培训内容（课程）	技能目标	培训细目	学习单元	课程内容	培训建议	课堂学时
2．模型浏览与编辑	2–1 模型浏览	2–1–1 能在平面、立面、剖面、三维等视图进行模型查看	（1）在平面视图进行模型查看 （2）在立面视图进行模型查看 （3）在剖面视图进行模型查看 （4）在三维视图进行模型查看	（1）在平面、立面、剖面、三维等视图进行模型查看	1）平面视图下查看模型的方法 2）立面视图下查看模型的方法 3）剖面视图下查看模型的方法 4）三维视图下查看模型的方法 5）其他视图下查看模型的方法	（1）方法：讲授法、案例教学法、讨论法 （2）重点：各视图下查看模型的方法 （3）难点：视图工具的功能	1
		2–1–2 能对整体或局部模型进行转动、平移、缩放、剖切等操作	（1）对整体或局部模型进行转动操作 （2）对整体或局部模型进行平移操作 （3）对整体或局部模型进行缩放操作 （4）对整体或局部模型进行剖切操作	（2）对整体或局部模型进行转动、平移、缩放、剖切等操作	1）模型转动的操作方法 2）模型平移的操作方法 3）模型缩放的操作方法 4）模型剖切的操作方法	（1）方法：讲授法、案例教学法、讨论法 （2）重点：视图下查看模型的方法 （3）难点：视图工具的快捷键使用及设置	1
		2–1–3 能通过不同的视点浏览模型	不同视点模型的浏览	（3）通过不同的视点浏览模型	1）调整视点的方法 2）保存视点的方法	（1）方法：讲授法、案例教学法 （2）重点：各视点下浏览模型的方法 （3）难点：调整视点的方法	1
		2–1–4 能隐藏、隔离模型构件	（1）模型构件的隐藏 （2）模型构件的隔离	（4）隐藏、隔离模型构件	1）模型构件的隐藏方法 2）模型构件的隔离方法	（1）方法：讲授法、案例教学法 （2）重点：隐藏、隔离的启用与取消 （3）难点：永久隐藏、隔离的取消方法	1

续表

2.1.2 五级 / 初级职业技能培训要求				2.2.2 五级 / 初级职业技能培训课程规范			
职业功能模块	培训内容（课程）	技能目标	培训细目	学习单元	课程内容	培训建议	课堂学时
2. 模型浏览与编辑	2-1 模型浏览	2-1-5 能整合、查看链接的各专业模型	(1) 各专业模型的整合 (2) 整合模型中各专业链接模型的查看	(5) 整合、查看链接的各专业模型	1) 链接各专业模型的方法 2) 查看已链接的各专业模型的方法	(1) 方法：讲授法、案例教学法 (2) 重点：各专业模型链接整合、查看的方法 (3) 难点：链接各专业模型的方法	1
	2-2 模型编辑	2-2-1 能查看模型中各类图元的属性	模型中各类图元属性的查看	(1) 模型中各类图元属性的查看	1) 图元的选择方法 2) 属性窗口的显示与隐藏	(1) 方法：讲授法、案例教学法 (2) 重点：图元属性查看的方法 (3) 难点：图元的选择方法	1
		2-2-2 能在模型中的各类图元进行移动、复制、旋转、镜像、删除等操作	(1) 模型中的各类图元进行移动操作 (2) 模型中的各类图元进行复制操作 (3) 模型中的各类图元进行旋转操作 (4) 模型中的各类图元进行镜像操作 (5) 模型中的各类图元进行删除操作	(2) 模型中各类图元的移动、复制、旋转、镜像、删除等操作	1) 图元移动的操作方法 2) 图元复制的操作方法 3) 图元旋转的操作方法 4) 图元镜像的操作方法 5) 图元删除的操作方法	(1) 方法：讲授法、案例教学法 (2) 重点：图元属性的编辑与修改方法 (3) 难点：修改工具的使用方法	1
		2-2-3 能调整项目信息、项目单位等参数	项目信息、项目单位等参数的调整	(3) 项目信息、项目单位等参数的调整	1) 调整项目信息的操作方法 2) 调整项目单位的操作方法	(1) 方法：讲授法、案例教学法 (2) 重点：项目参数的调整方法 (3) 难点：项目参数相关工具的使用	1
3. 模型注释	3-1 模型标注	3-1-1 能查看模型的不同类型标注，如长度、角度、高程等	不同类型标注的查看	(1) 查看模型的不同类型标注	1) 长度标注的查看方法 2) 角度标注的查看方法 3) 高程标注的查看方法	(1) 方法：讲授法、案例教学法 (2) 重点：模型标注的查看方法 (3) 难点：查看模型标注的软件操作技巧	1

续表

2.1.2 五级 / 初级职业技能培训要求				2.2.2 五级 / 初级职业技能培训课程规范			
职业功能模块	培训内容（课程）	技能目标	培训细目	学习单元	课程内容	培训建议	课堂学时
3．模型注释	3-1 模型标注	3-1-2 能对长度、角度、高程等进行简单标注	（1）长度的简单标注 （2）角度的简单标注 （3）高程的简单标注	（2）对长度、角度、高程等进行简单标注	1）长度标注的方法 2）角度标注的方法 3）高程标注的方法	（1）方法：讲授法、案例教学法 （2）重点：模型标注的方法 （3）难点：模型标注的软件操作技巧	1
		3-1-3 能调整标注的显示样式（如字体、大小、颜色等）	标注显示样式的调整	（3）调整标注的显示样式（如字体、大小、颜色等）	1）调整标注字体的方法 2）调整标注大小的方法 3）调整标注颜色的方法	（1）方法：讲授法、案例教学法 （2）重点：模型标注调整的方法 （3）难点：模型标注调整的软件操作技巧	1
	3-2 模型标记	3-2-1 能查看模型的不同类型标记与注释	（1）查看模型的不同类型标记 （2）查看模型的不同类型注释	（1）查看模型的不同类型标记与注释	1）查看模型类型标记的方法 2）查看模型注释的方法	（1）方法：讲授法、案例教学法 （2）重点：模型类型标记与注释的查看方法 （3）难点：模型类型标记与注释查看的软件操作技巧	1
		3-2-2 能完成模型构件添加注释和云线标记等操作	模型构件注释和云线标记的添加	（2）对模型构件添加注释和云线标记等操作	1）对模型构件添加注释 2）对模型构件添加云线标记	（1）方法：讲授法、案例教学法 （2）重点：添加注释和云线标记的方法和要点 （3）难点：添加注释和云线标记的软件操作步骤	1
4．平台应用与管理	4-1 资料管理	4-1-1 能通过平台客户端或移动端上传、下载资料文件	（1）资料文件通过平台客户端或移动端上传 （2）资料文件通过平台客户端或移动端下载	（1）通过平台客户端或移动端上传、下载资料文件	1）通过平台客户端上传资料文件 2）通过平台客户端下载资料文件 3）通过平台移动端上传资料文件 4）通过平台移动端下载资料文件	（1）方法：讲授法、案例教学法 （2）重点：平台客户端或移动端上传、下载资料文件 （3）难点：平台客户端的设置与访问方法	1

续表

2.1.2 五级 / 初级职业技能培训要求				2.2.2 五级 / 初级职业技能培训课程规范			
职业功能模块	培训内容（课程）	技能目标	培训细目	学习单元	课程内容	培训建议	课堂学时
4．平台应用与管理	4-1 资料管理	4-1-2 能通过平台客户端或移动端查看资料文件	资料文件通过平台客户端或移动端查看	（2）通过平台客户端或移动端查看资料文件	1）通过平台客户端查看资料的方法 2）通过平台移动端查看资料的方法	（1）方法：讲授法、案例教学法 （2）重点：平台客户端、移动端查看资料的方法 （3）难点：平台客户端的查看方法	1
		4-1-3 能新建文件夹，进行文件层级管理	（1）文件夹的新建 （2）文件夹的层级管理	（3）新建文件夹，进行文件层级管理	1）通过平台客户端新建文件夹的方法 2）通过平台移动端新建文件夹的方法	（1）方法：讲授法、案例教学法 （2）重点：平台客户端、移动端新建文件夹的方法 （3）难点：平台客户端的新建方法	1
	4-2 模型管理	4-2-1 能通过平台客户端或移动端查看模型及模型构件属性	模型及模型构件属性通过平台客户端或移动端查看	（1）通过平台客户端或移动端查看模型及模型构件属性	1）通过平台客户端查看模型 2）通过平台客户端查看模型构件属性 3）通过平台移动端查看模型 4）通过平台移动端查看模型构件属性	（1）方法：讲授法、案例教学法 （2）重点：平台客户端或移动端查看模型及模型构件属性的方法 （3）难点：平台客户端的模型查看方法	1
		4-2-2 能通过平台客户端或移动端进行模型的转动、平移、缩放、剖切等操作	（1）通过平台客户端或移动端进行模型的转动 （2）通过平台客户端或移动端进行模型的平移 （3）通过平台客户端或移动端进行模型的缩放 （4）通过平台客户端或移动端进行模型的剖切	（2）通过平台客户端或移动端进行模型的转动、平移、缩放、剖切等操作	1）通过平台客户端进行模型的转动、平移、缩放、剖切等操作 2）通过平台移动端进行模型的转动、平移、缩放、剖切等操作	（1）方法：讲授法、案例教学法 （2）重点：平台客户端或移动端进行模型转动、平移、缩放、剖切等操作的方法 （3）难点：平台客户端的模型操作方法	1

续表

2.1.2 五级 / 初级职业技能培训要求				2.2.2 五级 / 初级职业技能培训课程规范			
职业功能模块	培训内容（课程）	技能目标	培训细目	学习单元	课程内容	培训建议	课堂学时
4．平台应用与管理	4-2 模型管理	4-2-3 能通过平台客户端或移动端测量及标注模型	通过平台客户端或移动端进行模型的测量及标注	(3) 通过平台客户端或移动端测量及标注模型	1) 通过平台客户端进行测量及标注模型 2) 通过平台移动端进行测量及标注模型	(1) 方法：讲授法、案例教学法 (2) 重点：平台客户端和移动端测量及标注模型的方法 (3) 难点：平台客户端和移动端测量及标注模型的操作方法	1
		4-2-4 能通过平台客户端或移动端按报审流程提交模型	通过平台客户端或移动端按报审流程进行模型提交	(4) 通过平台客户端或移动端按报审流程提交模型	1) 通过平台客户端按报审流程提交模型 2) 通过平台移动端按报审流程提交模型	(1) 方法：讲授法、案例教学法 (2) 重点：通过平台客户端或移动端按报审流程提交模型 (3) 难点：熟悉报审流程及按报审流程提交模型的操作方法	1
	4-3 进度管理	4-3-1 能导入进度计划至平台中	平台中进度计划的导入	(1) 导入进度计划至平台中	1) 通过平台客户端导入进度计划 2) 通过平台移动端导入进度计划	(1) 方法：讲授法、案例教学法 (2) 重点：导入进度计划至平台中 (3) 难点：导入进度计划至平台中的详细操作流程	1
		4-3-2 能利用平台将进度计划与模型进行关联	利用平台将进度计划与模型进行关联	(2) 利用平台将进度计划与模型进行关联	1) 通过平台客户端将进度计划与模型进行关联 2) 通过平台移动端将进度计划与模型进行关联	(1) 方法：讲授法、案例教学法 (2) 重点：利用平台将进度计划与模型进行关联 (3) 难点：利用平台将进度计划与模型进行关联的详细操作流程	1
	4-4 成本管理	4-4-1 能在平台中导入造价信息	平台中造价信息的导入	(1) 导入造价信息至平台中	1) 检查造价信息 2) 通过平台导入造价信息	(1) 方法：讲授法、案例教学法 (2) 重点：通过平台客户端导入造价信息 (3) 难点：检查造价信息	1

续表

2.1.2 五级 / 初级职业技能培训要求				2.2.2 五级 / 初级职业技能培训课程规范			
职业功能模块	培训内容（课程）	技能目标	培训细目	学习单元	课程内容	培训建议	课堂学时
4．平台应用与管理	4-4 成本管理	4-4-2 能利用平台将造价信息与模型进行关联	利用平台将造价信息与模型进行关联	（2）利用平台将造价信息与模型进行关联	1）造价信息与模型进行关联	（1）方法：讲授法、案例教学法 （2）重点：造价信息与模型进行关联 （3）难点：造价信息与模型进行关联的具体操作流程	1
					2）造价信息与模型关联后的检查		
	4-5 质量管理	4-5-1 能通过文字、图片、语音、视频、附件和其关联的模型构件对质量问题进行描述	通过文字、图片、语音、视频、附件和其关联的模型构件对质量问题进行描述	（1）通过文字、图片、语音、视频、附件和其关联的模型构件对质量问题进行描述	1）通过文字及其关联的模型构件对质量问题进行描述	（1）方法：讲授法、案例教学法 （2）重点：利用平台对质量问题进行描述 （3）难点：利用平台对质量问题进行描述的具体操作流程	1
					2）通过图片及其关联的模型构件对质量问题进行描述		
					3）通过语音及其关联的模型构件对质量问题进行描述		
					4）通过视频及其关联的模型构件对质量问题进行描述		
					5）通过其他附件形式及其关联的模型构件对质量问题进行描述		
		4-5-2 能通过移动端将现场发现的质量问题上传至平台	通过移动端将现场发现的质量问题上传至平台	（2）通过移动端将现场发现的质量问题上传至平台	通过移动端将现场发现的质量问题上传至平台	（1）方法：讲授法、案例教学法 （2）重点：通过移动端将现场发现的质量问题上传至平台 （3）难点：通过移动端将现场发现的质量问题上传至平台的具体操作流程	1

续表

2.1.2 五级 / 初级职业技能培训要求				2.2.2 五级 / 初级职业技能培训课程规范			
职业功能模块	培训内容（课程）	技能目标	培训细目	学习单元	课程内容	培训建议	课堂学时
4．平台应用与管理	4-6 安全管理	4-6-1 能通过文字、图片、语音、视频、附件和其关联的模型构件对安全问题进行描述	通过文字、图片、语音、视频、附件和其关联的模型构件对安全问题进行描述	（1）通过文字、图片、语音、视频、附件和其关联的模型构件对安全问题进行描述	1）通过文字及其关联的模型构件对安全问题进行描述 2）通过图片及其关联的模型构件对安全问题进行描述 3）通过语音及其关联的模型构件对安全问题进行描述 4）通过视频及其关联的模型构件对安全问题进行描述 5）通过其他附件形式及其关联的模型构件对安全问题进行描述	（1）方法：讲授法、案例教学法 （2）重点：利用平台对安全问题进行描述 （3）难点：通过平台对安全问题进行描述的具体操作流程	1
		4-6-2 能通过移动端对现场发现的安全问题上传至平台	通过移动端对现场发现的安全问题上传至平台	（2）通过移动端将现场发现的安全问题上传至平台	通过移动端对现场发现的安全问题上传至平台	（1）方法：讲授法、案例教学法 （2）重点：通过移动端将现场发现的安全问题上传至平台 （3）难点：通过移动端将现场发现的安全问题上传至平台的具体操作流程	1
5．成果输出	5-1 模型保存	5-1-1 能使用建筑信息模型集成应用平台和建模软件打开模型文件	（1）在建筑信息模型集成应用平台打开模型文件 （2）用建模软件打开模型文件	（1）使用建筑信息模型集成应用平台和建模软件打开模型文件	1）使用建筑信息模型集成应用平台打开模型文件 2）使用建模软件打开模型文件	（1）方法：讲授法、案例教学法 （2）重点：使用建筑信息模型集成应用平台和建模软件打开模型文件 （3）难点：使用建筑信息模型集成应用平台和建模软件打开模型文件的具体操作流程	1

续表

2.1.2 五级 / 初级职业技能培训要求				2.2.2 五级 / 初级职业技能培训课程规范			
职业功能模块	培训内容（课程）	技能目标	培训细目	学习单元	课程内容	培训建议	课堂学时
5．成果输出	5-1 模型保存	5-1-2 能使用建筑信息模型集成应用平台和建模软件保存模型文件	使用建模软件进行模型文件的保存	（2）使用建筑信息模型集成应用平台和建模软件保存模型文件	1）使用建筑信息模型集成应用平台保存模型文件 2）使用建模软件保存模型文件	（1）方法：讲授法、案例教学法 （2）重点：使用建筑信息模型集成应用平台和建模软件保存模型文件 （3）难点：使用建筑信息模型集成应用平台和建模软件保存模型文件的具体操作流程	1
		5-1-3 能使用建筑信息模型集成应用平台和建模软件输出不同格式的模型成果文件	使用建筑信息模型集成应用平台和建模软件进行不同格式的模型成果文件的输出	（3）使用建筑信息模型集成应用平台和建模软件输出不同格式的模型成果文件	1）使用建筑信息模型集成应用平台输出模型成果文件 2）使用建模软件输出模型成果文件	（1）方法：讲授法、案例教学法 （2）重点：使用建筑信息模型集成应用平台和建模软件输出不同格式的模型成果文件 （3）难点：使用建筑信息模型集成应用平台和建模软件输出不同格式的模型成果文件的具体操作流程	1
	5-2 图纸创建	5-2-1 能对建模软件创建的图纸进行查看	图纸的查看	（1）查看建模软件创建的图纸	1）根据文件类型，选择相应的建模软件 2）使用建模软件对图纸进行查看	（1）方法：讲授法、案例教学法 （2）重点：对建模软件创建的图纸进行查看 （3）难点：查看建模软件创建图纸的具体操作流程	1
		5-2-2 能对查看的图纸进行保存	图纸的保存	（2）对查看的图纸进行保存	1）图纸保存时的版本设置 2）图纸保存时的备份文件设置	（1）方法：讲授法、案例教学法 （2）重点：对查看的图纸进行保存 （3）难点：对查看的图纸进行保存的具体操作流程	1

续表

2.1.2 五级 / 初级职业技能培训要求				2.2.2 五级 / 初级职业技能培训课程规范			
职业功能模块	培训内容（课程）	技能目标	培训细目	学习单元	课程内容	培训建议	课堂学时
5．成果输出	5-2 图纸创建	5-2-3 能在模型内对创建的图纸重新命名及备注信息	（1）在模型内对创建的图纸重新命名 （2）在模型内对创建的图纸备注信息	（3）在模型内对创建的图纸重新命名及备注信息	1）图纸保存的位置 2）图纸命名的规则及重命名方法 3）图纸备注信息添加的方法	（1）方法：讲授法、案例教学法 （2）重点：在模型内对创建的图纸重新命名及备注信息 （3）难点：图纸命名的规则及重命名方法	1
	5-3 效果展现	5-3-1 能直接查看渲染图或漫游视频文件	（1）使用建筑信息模型软件打开已完成的渲染 （2）对漫游文件进行局部细节查看	（1）直接查看渲染图或漫游视频文件	1）渲染图和漫游视频保存的位置 2）渲染图和漫游视频的查看方法	（1）方法：讲授法、案例教学法 （2）重点：在模型内对创建的图纸重新命名及备注信息 （3）难点：渲染图和漫游视频的查看方法	1
		5-3-2 能使用建筑信息模型软件打开已完成的渲染或漫游文件进行局部细节查看	（1）项目实际需求的识别 （2）不同类型的建筑信息模型软件的区分	（2）使用建筑信息模型软件打开已完成的渲染或漫游文件进行局部细节查看	1）渲染图和漫游视频保存的位置 2）渲染图和漫游视频的放大、缩小、平移等查看操作	（1）方法：讲授法、案例教学法 （2）重点：使用建筑信息模型软件打开已完成的渲染或漫游文件进行局部细节查看 （3）难点：渲染图和漫游视频的查看操作流程	1
课堂学时合计							41

附录 3　四级 / 中级职业技能培训要求与课程规范对照表

2.1.3 四级 / 中级职业技能培训要求				2.2.3 四级 / 中级职业技能培训课程规范			
职业功能模块	培训内容（课程）	技能目标	培训细目	学习单元	课程内容	培训建议	课堂学时
1．项目准备	1-1 建模环境设置	1-1-1 能安装建模软件	软件的安装	（1）软件安装与卸载	1）软件的安装 2）软件的注册 3）软件的卸载 4）软件安装、注册、卸载的常见问题	（1）方法：讲授法、演示法 （2）重点与难点：软件的注册	1
		1-1-2 能按照建筑信息模型建模软件的授权使用情况进行配置	（1）软件的注册 （2）软件的卸载 （3）软件安装、注册、卸载的常见问题排除				

续表

2.1.3 四级 / 中级职业技能培训要求				2.2.3 四级 / 中级职业技能培训课程规范			
职业功能模块	培训内容（课程）	技能目标	培训细目	学习单元	课程内容	培训建议	课堂学时
1．项目准备	1-1 建模环境设置	1-1-3 能选择并使用建筑信息模型建模软件中的样板文件	（1）项目样板的选择 （2）自定义项目样板	（2）项目样板的选择、设置	1）项目样板的选择	（1）方法：讲授法、演示法 （2）重点与难点：样板文件的设置	1
		1-1-4 能使用建筑信息模型建模软件添加项目信息	项目信息的编辑		2）项目信息的编辑与添加		
		1-1-5 能使用建筑信息模型建模软件设置项目基本参数	项目参数的设置		3）项目参数的设置		
		1-1-6 能使用建筑信息模型建模软件设置单位及比例	项目单位的编辑		4）项目单位的编辑		
		1-1-7 能使用建筑信息模型建模软件设置基准点	坐标系共享		5）项目基点与测量点		
					6）项目北与正北的设置		
					7）坐标系共享		
	1-2 建模准备	1-2-1 能识别项目建模流程	项目建模的应用流程	（1）建模基本流程、模型细度标准	1）项目建模的应用流程	（1）方法：讲授法、演示法 （2）重点与难点：模型精度的统一	1
		1-2-2 能按照建模规则确定建模精细度和建模协同方式	（1）出图标准的统一 （2）模型精度统一		2）模型精度的统一		
					3）出图标准的统一		
		1-2-3 能识别并整理所需的建模图纸	（1）模型链接 （2）协同运用需求设定 （3）项目浏览器的设置与应用	（2）建模协同的方式	1）模型链接 ①链接的应用 ② CAD 链接的应用	（1）方法：讲授法、演示法 （2）重点与难点：工作集的设置	1
					2）中心文件的创建		
					3）工作集的设置		
					4）中心文件的同步与编辑		

续表

2.1.3　四级 / 中级职业技能培训要求				2.2.3　四级 / 中级职业技能培训课程规范			
职业功能模块	培训内容（课程）	技能目标	培训细目	学习单元	课程内容	培训建议	课堂学时
2．模型创建与编辑	2-1　基准图元的创建	2-1-1　能绘制标高和轴网	（1）标高和轴网的绘制 （2）标高的手工绘制与利用修改面板工具的快速绘制 （3）标高的尺寸标注 （4）轴网的手工绘制与快速绘制方法 （5）轴网的尺寸标注	（1）标高和轴网的创建与标注	创建标高和轴网 ①创建标高 ②使用“修改”工具面板快速创建标高 ③创建标高尺寸标注 ④创建轴网 ⑤使用“阵列”“复制”命令快速创建轴网 ⑥创建轴网尺寸标注	（1）方法：讲授法、演示法、实例练习法 （2）重点：创建标高、创建轴网 （3）难点：使用“阵列”“复制”命令快速创建轴网	2
		2-1-2　能修改标高和轴网	（1）标高的对齐、标头、线性的修改设置 （2）轴网的编辑	（2）标高和轴网的编辑	修改标高和轴网 ①修改标高 ②修改轴网	（1）方法：讲授法、演示法、实例练习法 （2）重点与难点：修改标高和轴网	1
		2-1-3　能绘制参照平面和参照线	（1）参照平面的创建 （2）参照线的创建	（3）参照平面与参照线的创建及工作平面的设置	1）参照平面的创建与编辑 2）参照线的创建与编辑	（1）方法：讲授法、演示法、实例练习法 （2）重点：参照平面的创建与编辑 （3）难点：工作平面的设置	2
		2-1-4　能设置工作平面	（1）工作平面的设置 （2）工作平面的显示		3）工作平面的设置 4）工作平面的显示 5）工作平面查看		
	2-2　建筑墙体、门窗与幕墙、楼板与屋顶等建筑图元的创建	2-2-1　能创建墙体	（1）墙体的创建 （2）墙体的参数设置	（1）墙体的创建与参数设置	1）墙体的创建 ①绘制墙体 ②编辑墙体 ③复合墙的创建 ④叠层墙的创建 ⑤异形墙体的创建 2）墙体的参数设置 ①编辑墙体类型参数 ②编辑墙体属性 ③复合墙的参数设置 ④叠层墙的参数设置 ⑤异形墙体的参数设置	（1）方法：讲授法、演示法、实例练习法 （2）重点：墙体的创建 （3）难点：墙体的参数设置	2

续表

2.1.3 四级 / 中级职业技能培训要求				2.2.3 四级 / 中级职业技能培训课程规范			
职业功能模块	培训内容（课程）	技能目标	培训细目	学习单元	课程内容	培训建议	课堂学时
2. 模型创建与编辑	2-2 建筑墙体、门窗与幕墙、楼板与屋顶等建筑图元的创建	2-2-2 能创建门	(1) 门的创建 (2) 门的参数设置	(2) 门的创建与参数设置	1) 门的创建 ①载入门族 ②新建门类型 ③插入门，布置门 2) 门的参数设置 ①门类型参数的修改 ②门开启方向的修改 ③门标记位置的修改	(1) 方法：讲授法、演示法、实例练习法 (2) 重点：门的创建、门的参数设置 (3) 难点：门的参数设置	2
		2-2-3 能创建窗	(1) 窗的创建 (2) 窗的参数设置	(3) 窗的创建与参数设置	1) 窗的创建 ①载入窗族 ②新建窗类型 ③插入窗，布置窗 2) 窗的参数设置 ①窗类型参数的修改 ②窗安装位置的修改 ③窗台高度位置的修改	(1) 方法：讲授法、演示法、实例练习法 (2) 重点：窗的创建 (3) 难点：窗的参数设置	1
		2-2-4 能创建幕墙	(1) 幕墙的创建 (2) 幕墙的参数设置	(4) 幕墙的创建与参数设置	1) 幕墙的创建 ①幕墙组成 ②绘制幕墙 ③编辑立面轮廓 ④幕墙网格与竖梃 ⑤替换嵌板门窗 2) 幕墙的参数设置 ①幕墙类型参数的修改 ②幕墙开启方向的修改 ③幕墙标记位置的修改	(1) 方法：讲授法、演示法、实例练习法 (2) 重点：幕墙的创建 (3) 难点：幕墙的参数设置	2
		2-2-5 能创建楼板	(1) 楼板的创建 (2) 楼板的参数设置	(5) 楼板的创建与参数设置	1) 楼板的创建 ①绘制生成水平楼板 ②绘制生成斜楼板 ③对楼板进行建筑找坡、开洞等编辑操作 2) 楼板的参数设置 ①楼板属性参数设置 ②楼板边界设置 ③楼板边缘设置	(1) 方法：讲授法、演示法、实例练习法 (2) 重点：楼板的创建、楼板的参数设置 (3) 难点：楼板的参数设置	2

续表

2.1.3　四级 / 中级职业技能培训要求				2.2.3　四级 / 中级职业技能培训课程规范			
职业功能模块	培训内容（课程）	技能目标	培训细目	学习单元	课程内容	培训建议	课堂学时
2．模型创建与编辑	2–2　建筑墙体、门窗与幕墙、楼板与屋顶等建筑图元的创建	2–2–6　能创建屋顶	（1）屋顶的创建 （2）屋顶的参数设置	（6）屋顶的创建与参数设置	1）屋顶的创建 ①创建迹线屋顶 ②创建拉伸屋顶 ③创建面屋顶 ④创建屋檐底板、封檐带、檐槽 2）屋顶的参数设置 ①迹线屋顶的类型设置、坡度设置 ②拉伸屋顶的类型设置 ③面屋顶的类型设置 ④屋檐底板、封檐带、檐槽截面轮廓的编辑	（1）方法：讲授法、演示法、实例练习法 （2）重点：屋顶的创建 （3）难点：屋顶的参数设置	2
	2–3　柱、梁、板、基础等结构构件创建	2–3–1　能创建柱	（1）柱的创建 （2）柱的参数设置	（1）柱的创建与参数设置	1）结构柱的创建 ①柱类型的载入 ②创建垂直柱 ③创建斜柱 2）结构柱的参数设置 ①柱类型参数的编辑 ②柱的族编辑 ③柱的尺寸标注	（1）方法：讲授法、演示法、实例练习法 （2）重点：结构柱的创建 （3）难点：结构柱的参数设置	2
		2–3–2　能创建梁	（1）梁的创建 （2）梁的参数设置	（2）梁的创建与参数设置	1）结构梁的创建 ①梁类型的载入 ②创建水平梁 ③创建斜梁 2）结构梁的参数设置 ①梁类型参数的编辑 ②梁的族编辑 ③梁的尺寸标注	（1）方法：讲授法、演示法、实例练习法 （2）重点：结构梁的创建 （3）难点：结构梁的参数设置	2
		2–3–3　能创建板	（1）板的创建 （2）板的参数设置	（3）板的创建与参数设置	1）结构板的创建 ①绘制生成水平楼板 ②绘制生成斜楼板 ③对楼板进行开洞等编辑操作 2）结构板的参数设置 ①楼板属性参数设置 ②楼板边界设置 ③楼板配筋设置	（1）方法：讲授法、演示法、实例练习法 （2）重点：结构板的创建 （3）难点：结构板的参数设置	2

续表

2.1.3　四级 / 中级职业技能培训要求				2.2.3　四级 / 中级职业技能培训课程规范			
职业功能模块	培训内容（课程）	技能目标	培训细目	学习单元	课程内容	培训建议	课堂学时
2. 模型创建与编辑	2-3　柱、梁、板、基础等结构构件创建	2-3-4　能创建基础	（1）基础的创建 （2）基础的参数设置	（4）基础的创建与参数设置	1）基础的创建 ①创建基础垫层 ②创建条形基础、独立基础等不同类型的基础 ③创建异形基础 2）基础的参数设置 ①基础类型参数的设置 ②基础的配筋 ③尺寸标注	（1）方法：讲授法、演示法、实例练习法 （2）重点：基础的创建、基础的参数设置 （3）难点：基础的参数设置	2
	2-4　栏杆、扶手、楼梯、洞口和坡道的创建与编辑	2-4-1　能创建栏杆与扶手	（1）栏杆与扶手的创建 （2）栏杆与扶手的参数设置	（1）栏杆与扶手的创建和参数设置	1）栏杆与扶手的创建 ①绘制栏杆与扶手 ②编辑栏杆与扶手位置 ③拾取到正确依附的主体 2）栏杆与扶手的参数设置 ①修改栏杆与扶手的类型属性和实例属性 ②分别编辑栏杆与扶手的位置 ③创建异形栏杆与扶手样式	（1）方法：讲授法、演示法、实例练习法 （2）重点：栏杆与扶手的创建 （3）难点：栏杆与扶手的参数设置	2
		2-4-2　能创建楼梯	（1）楼梯的创建 （2）楼梯的参数设置	（2）楼梯的创建和参数设置	1）楼梯的创建 ①创建构件楼梯 ②创建草图楼梯 2）楼梯的参数设置 ①楼梯属性的参数设置 ②楼梯平台处栏杆与扶手的编辑	（1）方法：讲授法、演示法、实例练习法 （2）重点：楼梯的创建 （3）难点：楼梯的参数设置	2
		2-4-3　能创建洞口	（1）洞口的创建 （2）洞口的参数设置	（3）洞口的创建和参数设置	1）洞口的创建 ①竖井工具 ②垂直洞口工具 ③其他剪切洞口工具 2）洞口的参数设置 ①洞口剪切高度的控制 ②洞口轮廓的设置	（1）方法：讲授法、演示法、实例练习法 （2）重点：洞口的创建 （3）难点：洞口的参数设置	2

续表

2.1.3 四级 / 中级职业技能培训要求				2.2.3 四级 / 中级职业技能培训课程规范			
职业功能模块	培训内容（课程）	技能目标	培训细目	学习单元	课程内容	培训建议	课堂学时
2．模型创建与编辑	2-4 栏杆、扶手、楼梯、洞口和坡道的创建与编辑	2-4-4 能创建坡道	（1）坡道的创建 （2）坡道的参数设置	（4）坡道的创建和参数设置	1）坡道的创建 ①创建坡道 ②坡道展开图	（1）方法：讲授法、演示法、实例练习法 （2）重点：坡道的创建 （3）难点：坡道的参数设置	2
					2）坡道的参数设置 ①坡度控制 ②添加栏杆与扶手		
	2-5 模型浏览	2-5-1 能过滤、筛分构件并浏览各类构件模型	（1）过滤、筛分构件 （2）浏览各类构件模型	（1）过滤、筛分、浏览各类别模型及切换多窗口形式浏览并对比模型	1）选择过滤器的使用	（1）方法：讲授法、演示法、实例练习法 （2）重点与难点：视图切换工具使用	1
					2）视图规程的选择		
		2-5-2 能设置切换多窗口形式浏览并对比模型	视图窗口切换		3）视图的切换 ①切换窗口 ②关闭隐藏对象 ③复制窗口 ④层叠窗口 ⑤平铺窗口		
		2-5-3 能通过视觉样式、详细程度及视图样板的应用，控制模型的显示样式	（1）详细程度设置 （2）视觉样式设置 （3）临时隐藏 / 隔离设置 （4）图元显示 / 隐藏设置 （5）控制图元选择的选项设置	（2）模型的显示样式	1）比例尺	（1）方法：讲授法、演示法、实例练习法 （2）重点与难点：模型的显示使用	1
					2）详细程度		
					3）视觉样式		
					4）日光路径		
					5）阴影控制		
					6）临时隐藏 / 隔离		
	2-6 模型编辑	2-6-1 能对模型中的各类图元进行对齐、偏移、修剪、延伸、拆分等操作	图元的常规修改	（1）模型各类图元的基本操作	图元修改操作 ①移动 ②复制 ③旋转 ④修剪 / 延伸为角 ⑤修剪 / 延伸图元 ⑥删除 ⑦对齐 ⑧偏移 ⑨镜像 ⑩拆分图元 ⑪阵列 ⑫缩放 ⑬锁定 / 解锁	（1）方法：讲授法、演示法、实例练习法 （2）重点与难点：阵列	2

续表

2.1.3 四级 / 中级职业技能培训要求				2.2.3 四级 / 中级职业技能培训课程规范			
职业功能模块	培训内容（课程）	技能目标	培训细目	学习单元	课程内容	培训建议	课堂学时
2．模型创建与编辑	2-6 模型编辑	2-6-2 能正确调整模型中各类图元的连接关系	（1）几何图形的剪切与连接 （2）几何图形的拆分与填色	（2）模型各类图元的连接关系	1）几何图形的剪切与连接 ①几何图形连接 ②几何图形剪切 2）墙连接 3）屋顶连接 4）梁、柱连接	（1）方法：讲授法、演示法、实例练习法 （2）重点：几何图形的剪切与连接 （3）难点：屋顶连接	2
		2-6-3 能对不同墙体属性进行编辑与修改	墙体的属性编辑与修改	（3）墙体的类型	1）墙体的分类 ①按墙所处位置及方向分类 ②按受力情况分类 ③按材料及构造方式分类 ④按施工方法分类 2）墙族的分类 ①基本墙 ②叠层墙 ③幕墙 3）常见砌体墙厚度 ① 12 墙 ② 18 墙 ③ 24 墙 ④ 37 墙 ⑤ 49 墙	（1）方法：讲授法、演示法、实例练习法 （2）重点：墙体的分类 （3）难点：墙族的分类	2
				（4）墙体类型的编辑	1）编辑墙体结构材料 ①编辑部件对话框设置 6 种墙体功能，即结构 [1]、衬底 [2]、保温层 / 空气层 [3]、面层 1[4]、面层 2[5] 和涂膜层 [6] ②设置各功能层的材质、厚度 2）编辑墙体外围的保温层和面层 ①设置功能 ②设置材质 ③设置厚度 ④编辑面层着色外观和渲染外观	（1）方法：讲授法、演示法、实例练习法	2

续表

2.1.3 四级 / 中级职业技能培训要求				2.2.3 四级 / 中级职业技能培训课程规范			
职业功能模块	培训内容（课程）	技能目标	培训细目	学习单元	课程内容	培训建议	课堂学时
2．模型创建与编辑	2-6 模型编辑				3）编辑内墙体材质 ①设置功能 ②设置材质 ③设置厚度 ④编辑内墙面层着色外观和渲染外观	（2）重点与难点：编辑墙体结构分层	
		2-6-4 能对门窗属性进行编辑与修改	门窗的属性编辑与修改	（5）门窗参数的编辑	1）门窗的分类 ①门的分类 ②门的组成和尺度 ③窗的分类 ④窗的组成和尺度	（1）方法：讲授法、演示法、实例练习法 （2）重点与难点：门窗参数的编辑与修改	1
					2）门窗参数的编辑与修改 ①门的类型属性 ②门的实例属性 ③窗的类型属性 ④窗的实例属性		
		2-6-5 能对幕墙属性进行编辑与修改	幕墙的属性编辑与修改	（6）幕墙参数的编辑	1）编辑幕墙网格和竖梃 ①幕墙网格的自动划分 ②幕墙网格的手动划分——幕墙网格工具 ③批量生成竖梃 ④手工生成竖梃	（1）方法：讲授法、演示法、实例练习法 （2）重点与难点：编辑幕墙网格和竖梃	2
					2）添加幕墙嵌板 ①幕墙嵌板族的制作 ②幕墙嵌板族的载入 ③幕墙嵌板的定位 ④尺寸标注		
		2-6-6 能对楼板属性进行编辑与修改	楼板的属性编辑与修改	（7）楼板参数的编辑	1）设置6种功能层	（1）方法：讲授法、演示法、实例练习法 （2）重点与难点：楼板信息输入	1
					2）设置各功能层材质		
					3）设置厚度		
					4）编辑面层着色外观和渲染外观		

续表

2.1.3　四级 / 中级职业技能培训要求				2.2.3　四级 / 中级职业技能培训课程规范			
职业功能模块	培训内容（课程）	技能目标	培训细目	学习单元	课程内容	培训建议	课堂学时
2. 模型创建与编辑	2-6　模型编辑	2-6-7　能对屋顶属性进行编辑与修改	屋顶的属性编辑与修改	（8）屋顶信息的编辑	1）设置屋顶的类型 2）设置屋顶的材质 3）设置屋面保温 4）设置屋面防水 5）设置屋面坡度	（1）方法：讲授法、演示法、实例练习法 （2）重点与难点：屋顶信息输入	1
3. 模型注释与视图创建	3-1　标注	3-1-1　能使用建模软件创建不同类型的标注，如长度、角度、高程等	不同类型尺寸标注的创建	（1）不同类型的标注创建	1）对齐标注的创建 2）线性标注的创建 3）角度标注的创建 4）半径标注的创建 5）直径标注的创建 6）弧长标注的创建	（1）方法：讲授法、演示法、实例练习法 （2）重点：对齐标注的创建 （3）难点：弧长标注的创建	1
		3-1-2　能使用建模软件对不同标注类型样式进行编辑与修改，如图形、文字等	（1）尺寸标注文字的编辑 （2）标注类型的修改 （3）线段尺寸标注引线的可见性 （4）临时标注与永久标注的转换 （5）自动尺寸标注选项	（2）标注类型的编辑与修改	1）标注类型的编辑 ①尺寸标注文字的替换 ②尺寸标注文字的前缀和后缀 ③线段尺寸标注引线的可见性 2）标注类型的修改 ①自动尺寸标注选项 ②临时标注转换永久标注 ③ EQ 均分	（1）方法：讲授法、演示法、实例练习法 （2）重点与难点：标注类型的编辑与修改	1
	3-2　标记	3-2-1　能使用建模软件对构件类别进行标记	构件的标记	（1）构件类别、材质的标记	1）构件类别标记 ①全部标记 ②多类别标记	（1）方法：讲授法、演示法、实例练习法 （2）重点与难点：各种标记的具体操作流程	1
		3-2-2　能使用建模软件对构件材质进行标记	材质的标记		2）构件材质标记		

续表

2.1.3 四级 / 中级职业技能培训要求				2.2.3 四级 / 中级职业技能培训课程规范			
职业功能模块	培训内容（课程）	技能目标	培训细目	学习单元	课程内容	培训建议	课堂学时
3．模型注释与视图创建	3-2 标记	3-2-3 能使用建模软件对构件属性进行标记	属性的标记	（2）文字及符号注释	1）房间标记 2）注释符号	（1）方法：讲授法、演示法、实例练习法 （2）重点与难点：详图注释	1
		3-2-4 使能用建模软件对构件添加文字注释	文字的注释		3）文字注释		
		3-2-5 能使用建模软件对构件添加详图注释	详图的注释		4）详图注释		
	3-3 创建视图	3-3-1 能使用和编辑视图样板	视图样板的管理	（1）视图样板的管理和三维视图的创建	1）创建视图样板 2）设置视图样板 3）应用视图样板 4）删除视图样板	（1）方法：讲授法、演示法、实例练习法 （2）重点与难点：设置视图样板	1
		3-3-2 能创建三维视图	三维视图的添加		5）三维剖面框的应用 6）选择框的应用		
		3-3-3 能创建平面视图	平面视图的添加	（2）平面、立面、剖面视图的创建及修改	1）添加楼层平面视图 ①平面视图的类型 ②平面视图的创建 ③平面视图的修改	（1）方法：讲授法、演示法、实例练习法 （2）重点：各视图的创建 （3）难点：各视图的修改	2
		3-3-4 能创建立面视图	立面视图的添加		2）添加立面视图 ①立面视图的类型 ②立面视图的创建 ③立面视图的修改		
		3-3-5 能创建剖面视图	剖面视图的添加		3）添加剖面视图 ①剖面视图的类型 ②剖面视图的创建 ③剖面视图的修改		

续表

2.1.3 四级 / 中级职业技能培训要求				2.2.3 四级 / 中级职业技能培训课程规范			
职业功能模块	培训内容（课程）	技能目标	培训细目	学习单元	课程内容	培训建议	课堂学时
4. 成果输出	4-1 模型保存	4-1-1 能根据模型文件版本选择合适版本的建筑信息模型软件打开模型	项目文件的打开	模型文件的打开和输出	1）项目文件的打开 2）其他文件的导入	（1）方法：讲授法、演示法 （2）重点与难点：项目文件的打印	1
		4-1-2 能按照建模规则及成果要求使用建筑信息模型软件保存模型文件	（1）项目模型文件的格式识别 （2）项目文件的保存与另存为操作		3）项目文件的保存与另存为		
		4-1-3 能按照成果要求使用建筑信息模型软件输出不同格式的成果文件	（1）项目文件的导出 （2）项目文件的打印 （3）视图样板的设置		4）项目文件的导出 5）项目文件的打印		
	4-2 图纸创建	4-2-1 能对视图进行设置并合理布置图纸，使之满足专业图纸规范	图纸创建	（1）图纸的创建和显示设置	1）图纸的新建	（1）方法：讲授法、演示法 （2）重点与难点：视图可见性及图形替换设置	1
		4-2-2 能设置图纸中的图层、线型、文字等内容	图框信息的编辑		2）标题栏的编辑 3）图纸信息的录入		
		4-2-3 能使用建模软件修改及添加图框	视图范围编辑		4）视图范围编辑		
		4-2-4 能设置图纸的显示范围、显示内容	（1）图纸视图可见性设置 （2）图纸显示内容设置		5）视图可见性及图形替换设置		

续表

<table>
<tr><th colspan="4">2.1.3 四级 / 中级职业技能培训要求</th><th colspan="4">2.2.3 四级 / 中级职业技能培训课程规范</th></tr>
<tr><th>职业功能模块</th><th>培训内容（课程）</th><th>技能目标</th><th>培训细目</th><th>学习单元</th><th>课程内容</th><th>培训建议</th><th>课堂学时</th></tr>
<tr><td rowspan="6">4. 成果输出</td><td rowspan="5">4-2 图纸创建</td><td rowspan="2">4-2-5 能创建并优化各种构件的平、立、剖、大样图对图纸进行属性信息设置、添加图号等操作</td><td rowspan="2">（1）各种构件的平、立、剖、大样图的创建
（2）优化各种构件图纸的表达
（3）各种构件图纸属性信息设置、添加图号等的操作</td><td rowspan="2">（2）按建筑设计制图规范注释尺寸，创建并优化各种构件的平、立、剖、大样图</td><td>1）注释尺寸
①设置尺寸标注类型并标注尺寸
②设置符号标注类型并标注符号
③标注文字</td><td rowspan="2">（1）方法：讲授法、演示法、实例练习法
（2）重点：注释尺寸
（3）难点：优化各种构件的平、立、剖、大样图</td><td rowspan="2">3</td></tr>
<tr><td>2）创建并优化各种构件的平、立、剖、大样图
①尺寸标注
②符号标注
③文字标注
④视图的复制与显示 / 隐藏设置</td></tr>
<tr><td rowspan="3">4-2-6 能输出、打印、保存图纸</td><td rowspan="3">（1）图纸输出
（2）图纸打印
（3）图纸保存</td><td rowspan="3">（3）输出、打印、保存图纸</td><td>1）输出图纸
①输出格式
②设置输出的图层、颜色等图面信息
③设置图纸集
④输出图纸并检查</td><td rowspan="3">（1）方法：讲授法、演示法、实例练习法
（2）重点：保存图纸
（3）难点：输出图纸的图层设置</td><td rowspan="3">1</td></tr>
<tr><td>2）打印图纸
①确定打印范围
②设置打印的图层、颜色等图面信息
③设置打印比例尺
④打印图纸并检查</td></tr>
<tr><td>3）保存图纸
①设置保存格式
②设置保存路径
③保存图纸并检查</td></tr>
<tr><td>4-3 明细表的统计</td><td>4-3-1 能区分不同类型的信息明细表</td><td>不同类型信息明细表的识别</td><td>（1）各种明细表的识别和创建</td><td>1）识别各类明细表
①明细表 / 数量
②图形柱明细表
③材质提取表
④图纸列表
⑤注释块
⑥视图列表</td><td>（1）方法：讲授法、演示法、实例练习法</td><td>2</td></tr>
</table>

续表

2.1.3　四级 / 中级职业技能培训要求				2.2.3　四级 / 中级职业技能培训课程规范			
职业功能模块	培训内容（课程）	技能目标	培训细目	学习单元	课程内容	培训建议	课堂学时
4. 成果输出	4-3　明细表的统计	4-3-2　能创建构件属性表，将模型中的构件属性提取后并以表格的形式进行显示	（1）构件明细表的创建 （2）构件明细表的显示	（1）各种明细表的识别和创建	2）建筑构件明细表 ①字段 ②过滤器 ③排序 / 成组 ④格式 ⑤外观	（2）重点与难点：建筑构件明细表创建具体操作流程	
		4-3-3　能对构件属性表进行编辑与修改	（1）关键字明细表的创建 （2）多类别明细表的创建		3）关键字明细表 ①新建“关键字” ②定义和使用关键字		
					4）多类别明细表 ①新建“多类别”明细表 ②设置“多类别”明细表		
		4-3-4　能在图纸中布置构件属性表	明细表中各功能的详细设置	（2）明细表的设置	1）设置明细表各种操作方法 ①设置“属性”栏 ②设置表格标题名称 ③设置列标题 ④设置单位格式 ⑤设置计算 ⑥插入行或列 ⑦删除行或列 ⑧调整列宽或行高 ⑨隐藏和取消隐藏 ⑩合并 / 取消合并行或列 ⑪插入图像	（1）方法：讲授法、演示法、实例练习法 （2）重点：设置计算 （3）难点：插入图像	2
					2）表格各种的操作方法 ①清除单元格 ②成组 ③解组 ④着色 ⑤边界 ⑥重设 ⑦字体 ⑧对齐 ⑨在模型中高亮显示		

续表

2.1.3 四级 / 中级职业技能培训要求				2.2.3 四级 / 中级职业技能培训课程规范			
职业功能模块	培训内容（课程）	技能目标	培训细目	学习单元	课程内容	培训建议	课堂学时
4. 成果输出	4–3 明细表的统计	4–3–5 能导出信息明细表	明细表的导出	（3）明细表的导出	1）导出列页眉 2）导出页眉、页脚和空行 3）字段分隔符 4）文字限定符	（1）方法：讲授法、演示法、实例练习法 （2）重点：导出列页眉 （3）难点：字段分隔符	1
	4–4 效果展现	4–4–1 能给各建筑构件赋予材质属性、外观色彩属性	（1）各建筑构件材质属性赋予 （2）各建筑构件外观色彩属性赋予	（1）各建筑构件赋予材质属性、外观色彩属性	1）各建筑构件赋予材质属性 ①材质属性的创建 ②赋予材质属性 ③材质属性生成测试 2）各建筑构件赋予外观色彩属性 ①外观色彩的获取、编辑与创建 ②赋予材质外观色彩属性 ③构件生成测试	（1）方法：讲授法、演示法、实例练习法 （2）重点与难点：各建筑构件赋予材质属性	2
		4–4–2 能使用建筑信息模型软件对模型成果进行渲染及漫游	（1）渲染视口的创建 （2）渲染的设置 （3）漫游相机的设置 （4）漫游路径的设置	（2）渲染视口的创建与渲染的设置	1）渲染视口的创建 ①定位平面视图 ②设置相机工具 ③定位并放置相机 ④相机视口的修改 2）渲染的设置 ①设置渲染引擎 ②设置渲染质量 ③设置渲染分辨率 ④设置渲染背景 ⑤调整曝光	（1）方法：讲授法、演示法、实例练习法 （2）重点：渲染视口的创建 （3）难点：渲染的设置	1
				（3）漫游路径和相机的设置	1）相机的设置 ①定位平面视图 ②设置相机工具 ③定位并放置相机 ④相机视口的修改 2）漫游路径的设置 ①定位平面视图 ②绘制漫游路径 ③逐一修改漫游路径各关键帧的相机视口设置 ④漫游路径的测试	（1）方法：讲授法、演示法、实例练习法 （2）重点：相机的设置 （3）难点：漫游路径的设置	2

续表

2.1.3　四级 / 中级职业技能培训要求				2.2.3　四级 / 中级职业技能培训课程规范			
职业功能模块	培训内容（课程）	技能目标	培训细目	学习单元	课程内容	培训建议	课堂学时
4. 成果输出	4-4　效果展现	4-4-3　能使用建筑信息模型软件输出渲染及漫游成果	漫游视频动画的输出	（4）输出漫游视频动画的方法	1）设置输出格式 2）设置输出视频的视觉样式、光照等画面信息 3）设置输出分辨率 4）输出动画并检查	（1）方法：讲授法、演示法、实例练习法 （2）重点与难点：设置输出视频的视觉样式、光照等画面信息	1
课堂学时合计							75

附录 4　三级 / 高级职业技能培训要求与课程规范对照表

2.1.4　三级 / 高级职业技能培训要求				2.2.4　三级 / 高级职业技能培训课程规范			
职业功能模块	培训内容（课程）	技能目标	培训细目	学习单元	课程内容	培训建议	课堂学时
1. 项目准备	1-1　建模环境设置	1-1-1　能根据建模要求选择合适的软硬件设备	根据建模要求进行软硬件设备的选择	（1）建模中软硬件设备的基本要求和建模软件的安装	1）建模中硬件设备的基本要求 2）建模中软件设备的基本要求 3）建模软件的安装过程 4）建模软件安装过程中问题的分析	（1）方法：讲授法、演示法、实例练习法 （2）重点：硬件设备的基本要求 （3）难点：安装过程中问题的分析	1
		1-1-2　能解决建筑信息模型建模软件安装过程中的问题	（1）建筑信息模型建模软件的安装 （2）建筑信息模型建模软件安装中问题的解决				
		1-1-3　能完成建模中的样板文件提出设置需求	（1）项目样板包含的内容设定 （2）项目样板设置需求的提出	（2）建模中样板文件的设置需求	1）建模中样板文件包含的内容 2）建模中样板的设置方法	（1）方法：讲授法、演示法、实例练习法 （2）重点：硬件设备的基本要求 （3）难点：样板的设置方法	1
	1-2　建模准备	1-2-1　能针对建模流程提出改进建议	（1）交付成果要求的解读 （2）建模流程应用建议	（1）建模流程的设置与改进	1）交付成果要求的解读 2）建模流程应用方法	（1）方法：讲授法 （2）重点与难点：交付成果要求的解读	1

续表

2.1.4　三级 / 高级职业技能培训要求				2.2.4　三级 / 高级职业技能培训课程规范			
职业功能模块	培训内容（课程）	技能目标	培训细目	学习单元	课程内容	培训建议	课堂学时
1．项目准备	1–2　建模准备	1–2–2　能解读建模规则并提出改进建议	（1）建模规则的解读 （2）建模规则的改进	（2）建模规则的解读与改进建议	1）建模规则的解读 2）建模规则改进建议的提出	（1）方法：讲授法 （2）重点与难点：建模规则的解读	1
		1–2–3　能对相关专业的建模图纸进行处理并反馈图纸问题	（1）相关专业建模图纸的处理方法 （2）相关专业建模图纸的问题反馈方式	（3）相关专业建模图纸的处理与问题反馈	1）相关专业建模图纸的处理 2）相关专业建模图纸的问题反馈方式	（1）方法：讲授法、实例练习法 （2）重点：建模图纸的处理方法	1
2．模型创建与编辑	2–1　创建基准图元	2–1–1　能根据各个专业的需求，创建符合要求的标高、轴网等空间定位图元	（1）标高、轴网等空间定位图元 （2）依据建模规则的要求创建标高、轴网等空间定位图元	（1）相关专业的标高、轴网等空间定位图元的创建方法	1）相关专业的标高、轴网等空间定位图元制图基本知识 2）依据标高、轴网等空间信息定位图元	（1）方法：案例教学法、演示法、实例练习法 （2）重点：基准定位图元的识别 （3）难点：相关专业的标高、轴网等空间定位制图基本知识	1
		2–1–2　能根据创建自定义构件库的需求，熟练使用参照点、参照线、参照平面等参照图元创建基准图元，实现自定义构件的参数化	（1）基准图元的类型选择 （2）基准图元的创建	（2）基准图元的类型选择与创建方法	1）基准图元的类型选择 ①参照点的选择与使用 ②参照线的选择与使用 ③参照平面的选择与使用 2）基准图元的创建方法	（1）方法：案例教学法、演示法 （2）重点：基准图元的创建方法 （3）难点：基准图元的类型选择与创建	1

续表

2.1.4　三级 / 高级职业技能培训要求					2.2.4　三级 / 高级职业技能培训课程规范			
职业功能模块	培训内容（课程）		技能目标	培训细目	学习单元	课程内容	培训建议	课堂学时
2．模型创建与编辑	2–2 创建实体构件	A建筑工程	2–2–1 能使用建模软件创建建筑专业主体构件，如墙体、幕墙、建筑柱、屋顶、楼板、楼梯、预制内墙板等，精度满足施工图设计及深化设计要求	（1）墙体构件创建 （2）幕墙构件创建 （3）建筑柱构件创建 （4）屋顶构件创建 （5）楼板构件创建 （6）楼梯构件创建 （7）预制内墙板构件创建	（1）满足施工图设计及深化设计要求的建筑工程专业主体构件创建	1）建筑工程专业主体构件制图基本知识 ①墙体 ②幕墙 ③建筑柱 ④屋顶 ⑤楼板 ⑥楼梯 ⑦预制内墙板等 2）建筑工程专业主体构件的基本构造知识 3）建筑工程专业主体构件建模规则要求 4）精度满足施工图设计及深化设计要求的建筑工程专业主体构件的创建方法	（1）方法：讲授法、项目教学法、演示法、实例练习法 （2）重点：建筑工程专业主体构件创建 （3）难点：建筑工程专业主体构件建模规则应用要求	20
			2–2–2 能使用建模软件创建建筑专业附属构件，如门窗、坡道、台阶、栏杆、扶手、排水沟、集水坑等，精度满足施工图设计及深化设计要求	（1）门窗构件创建 （2）坡道构件创建 （3）台阶构件创建 （4）栏杆构件创建 （5）扶手构件创建 （6）排水沟构件创建 （7）集水坑构件创建	（2）满足施工图设计及深化设计要求的建筑工程专业附属构件创建	1）建筑工程专业附属构件制图基本知识 ①门窗 ②坡道 ③台阶 ④栏杆 ⑤扶手 ⑥排水沟 ⑦集水坑等 2）建筑工程专业附属构件的基本构造知识 3）建筑工程专业附属构件建模规则要求 4）精度满足施工图设计及深化设计要求的建筑工程专业附属构件的创建方法	（1）方法：讲授法、项目教学法、演示法、实例练习法 （2）重点：建筑工程专业附属构件创建 （3）难点：建筑工程专业附属构件建模规则应用要求	12

续表

<table>
<tr><th colspan="5">2.1.4 三级 / 高级职业技能培训要求</th><th colspan="4">2.2.4 三级 / 高级职业技能培训课程规范</th></tr>
<tr><th>职业功能模块</th><th colspan="2">培训内容（课程）</th><th>技能目标</th><th>培训细目</th><th>学习单元</th><th>课程内容</th><th>培训建议</th><th>课堂学时</th></tr>
<tr><td rowspan="8">2．模型创建与编辑</td><td rowspan="8">2-2 创建实体构件</td><td rowspan="8">A建筑工程</td><td rowspan="4">2-2-3 能使用建模软件创建结构专业主体构件，如结构柱、墙、梁、板、基础、承台、桁架、网壳、预制楼梯、预制叠合板等，精度满足施工图设计及深化设计要求</td><td rowspan="4">（1）结构柱构件创建
（2）墙构件创建
（3）梁构件创建
（4）板构件创建
（5）基础构件创建
（6）桁架构件创建
（7）网壳构件创建
（8）预制楼梯构件创建
（9）预制叠合板构件创建</td><td rowspan="4">（3）满足施工图设计及深化设计要求的结构工程专业主体构件创建</td><td>1）结构工程专业主体构件制图基本知识
①结构柱
②结构墙
③梁
④结构板
⑤基础
⑥承台
⑦桁架
⑧网壳
⑨预制楼梯
⑩预制叠合板等</td><td rowspan="4">（1）方法：讲授法、项目教学法、演示法、实例练习法
（2）重点：结构工程专业主体构件创建
（3）难点：结构工程专业主体构件建模规则应用要求</td><td rowspan="4">14</td></tr>
<tr><td>2）结构专业工程主体构件的基本构造知识</td></tr>
<tr><td>3）结构专业工程主体构件建模规则要求</td></tr>
<tr><td>4）精度满足施工图设计及深化设计要求的基本结构专业工程主体构件的创建方法</td></tr>
<tr><td rowspan="4">2-2-4 能使用建模软件创建结构专业附属构件，如钢筋、预留孔洞、定制结构构件等，精度满足施工图设计及深化设计要求</td><td rowspan="4">（1）钢筋构件创建
（2）预留孔洞构件创建
（3）其他定制结构构件创建</td><td rowspan="4">（4）满足施工图设计及深化设计要求的结构工程专业附属构件创建</td><td>1）结构专业工程附属构件制图基本知识
①钢筋
②预留孔洞
③定制结构构件等</td><td rowspan="4">（1）方法：讲授法、项目教学法、演示法、实例练习法
（2）重点：结构工程专业附属构件创建
（3）难点：结构工程专业附属构件建模规则应用要求</td><td rowspan="4">12</td></tr>
<tr><td>2）结构工程专业附属构件的基本构造知识</td></tr>
<tr><td>3）结构工程专业附属构件建模规则要求</td></tr>
<tr><td>4）精度满足施工图设计及深化设计要求的结构工程专业附属构件的创建方法</td></tr>
</table>

续表

<table>
<tr><th colspan="5">2.1.4 三级 / 高级职业技能培训要求</th><th colspan="4">2.2.4 三级 / 高级职业技能培训课程规范</th></tr>
<tr><th>职业功能模块</th><th colspan="2">培训内容（课程）</th><th>技能目标</th><th>培训细目</th><th>学习单元</th><th>课程内容</th><th>培训建议</th><th>课堂学时</th></tr>
<tr><td rowspan="6">2. 模型创建与编辑</td><td rowspan="6">2-2 创建实体构件</td><td rowspan="6">B 机电工程</td><td rowspan="4">2-2-1 能使用建模软件创建水系统（给排水、消防水、空调水、采暖）管路构件，如管道、弯头、变径、连接件、三通、四通、水泵、阀门、仪表、喷头等，精度满足施工图设计及深化设计要求</td><td rowspan="4">（1）给排水系统管路构件，如管道、弯头、变径、连接件、三通、四通、水泵、阀门、仪表、喷头等构件创建
（2）消防水系统管路构件，如管道、弯头、变径、连接件、三通、四通、水泵、阀门、仪表、喷头等构件创建
（3）空调水系统管路构件，如管道、弯头、变径、连接件、三通、四通、水泵、阀门、仪表、喷头等构件创建、
（4）采暖系统管路构件，如管道、弯头、变径、连接件、三通、四通、水泵、阀门、仪表、喷头等构件创建</td><td rowspan="4">（1）满足施工图设计及深化设计要求的水系统工程（给排水、消防水、空调水、采暖）管路构件创建</td><td>1）水系统各工程专业管路构件制图基本知识
①管道
②弯头
③变径连接件
④三通
⑤四通
⑥水泵
⑦阀门
⑧仪表
⑨喷头
⑩冷水机组等</td><td rowspan="4">（1）方法：讲授法、项目教学法、演示法、实例练习法
（2）重点：水系统各工程专业管路构件创建
（3）难点：水系统各工程专业管路构件建模规则应用要求</td><td rowspan="4">12</td></tr>
<tr><td>2）水系统各工程专业管路构件基本知识</td></tr>
<tr><td>3）水系统各工程专业管路构件建模规则要求</td></tr>
<tr><td>4）精度满足施工图设计及深化设计要求的水系统各专业工程管路构件的创建方法</td></tr>
<tr><td rowspan="2">2-2-2 能使用建模软件创建水系统（给排水、消防水、空调水、采暖）功能构件，如卫浴设施、水箱、热水器、换热器、雨水口、地漏、消火栓、水泵接合器、喷头、冷却塔、冷水机组等，精度满足施工图设计及深化设计要求</td><td rowspan="2">（1）给排水系统功能构件，如卫浴设施、水箱、热水器、换热器、雨水口、地漏、喷头等构件创建
（2）消防水系统功能构件，如消火栓、水泵接合器、喷头等构件创建
（3）空调水系统功能构件，如换热器、冷却塔、冷水机组等构件创建</td><td rowspan="2">（2）满足施工图设计及深化设计要求的水系统各工程专业（给排水、消防水、空调水、采暖）设备功能构件创建</td><td>1）水系统各工程专业设备功能构件制图基本知识
①卫浴设施
②水箱
③热水器
④换热器
⑤雨水口
⑥地漏
⑦消火栓
⑧水泵接合器
⑨喷头
⑩冷却塔
⑪冷水机组等</td><td rowspan="2">（1）方法：讲授法、项目教学法、演示法、实例练习法
（2）重点：水系统各工程专业设备功能构件创建</td><td rowspan="2">8</td></tr>
<tr><td>2）水系统各工程专业设备功能构件基本知识</td></tr>
</table>

续表

<table>
<tr><th colspan="5">2.1.4 三级 / 高级职业技能培训要求</th><th colspan="4">2.2.4 三级 / 高级职业技能培训课程规范</th></tr>
<tr><th>职业功能模块</th><th colspan="2">培训内容（课程）</th><th>技能目标</th><th>培训细目</th><th>学习单元</th><th>课程内容</th><th>培训建议</th><th>课堂学时</th></tr>
<tr><td rowspan="8">2. 模型创建与编辑</td><td rowspan="8">2-2 创建实体构件</td><td rowspan="8">B
机电工程</td><td rowspan="2"></td><td rowspan="2">（4）采暖系统功能构件，如换热器等构件创建</td><td rowspan="2"></td><td>3）水系统各工程专业设备功能构件建模规则要求</td><td rowspan="2">（3）难点：水系统各工程专业设备功能构件建模规则应用要求</td><td rowspan="2"></td></tr>
<tr><td>4）精度满足施工图设计及深化设计要求的水系统各工程专业设备功能构件的创建方法</td></tr>
<tr><td rowspan="4">2-2-3 能使用建模软件创建风系统（通风、空调、防排烟）管路构件，如风管、弯头、变径、连接件、三通、四通、变形连接件等，精度满足施工图设计及深化设计要求</td><td rowspan="4">（1）通风管路构件，如风管、弯头、变径、连接件、三通、四通、变形连接件等构件创建
（2）空调管路构件，如风管、弯头、变径、连接件、三通、四通、变形连接件等构件创建
（3）防排烟管路构件，如风管、弯头、变径、连接件、三通、四通、变形连接件等构件创建</td><td rowspan="4">（3）满足施工图设计及深化设计要求的风系统各工程专业（通风、空调、防排烟）管路构件创建</td><td>1）风系统各工程专业管路构件制图基本知识
①风管
②弯头
③变径连接件
④三通
⑤四通
⑥变形连接件等</td><td rowspan="4">（1）方法：讲授法、项目教学法、演示法、实例练习法
（2）重点：风系统各专业工程管路构件创建
（3）难点：风系统各专业工程管路构件建模规则应用要求</td><td rowspan="4">12</td></tr>
<tr><td>2）风系统各工程专业管路构件基本知识</td></tr>
<tr><td>3）风系统各工程专业管路构件建模规则要求</td></tr>
<tr><td>4）精度满足施工图设计及深化设计要求的风系统各工程专业管路构件的创建方法</td></tr>
<tr><td rowspan="2">2-2-4 能使用建模软件创建风系统（通风、空调、防排烟）功能构件，如风机、静压箱、消声器、风扇、空气过滤器、空调机组、多联机、风机盘管、风阀、风口、百叶等，精度满足施工图设计及深化设计要求</td><td rowspan="2">（1）通风功能构件，如风机、静压箱、消声器、风扇、空气过滤器、风机盘管、风阀、风口、百叶等构件创建
（2）空调功能构件，如风机、消声器、风扇、空气过滤器、空调机组、多联机、风机盘管、风阀、空调风口等构件创建
（3）防排烟功能构件，如风机、风扇、风管、风阀、风口等构件创建</td><td rowspan="2">（4）满足施工图设计及深化设计要求的风系统各工程专业（通风、空调、防排烟）设备功能构件创建</td><td>1）风系统各工程专业设备功能构件制图基本知识
①风机
②静压箱
③消声器
④风扇
⑤空气过滤器
⑥空调机组
⑦多联机
⑧风机盘管
⑨风阀
⑩风口、百叶等</td><td rowspan="2">（1）方法：讲授法、项目教学法、演示法、实例练习法
（2）重点：风系统各专业工程设备功能构件创建</td><td rowspan="2">8</td></tr>
<tr><td>2）风系统各工程专业设备功能构件基本知识</td></tr>
</table>

续表

2.1.4 三级 / 高级职业技能培训要求					2.2.4 三级 / 高级职业技能培训课程规范			
职业功能模块	培训内容（课程）		技能目标	培训细目	学习单元	课程内容	培训建议	课堂学时
2. 模型创建与编辑	2-2 创建实体构件	B 机电工程				3）风系统各工程专业设备功能构件建模规则要求 4）精度满足施工图设计及深化设计要求的风系统各工程专业功能构件的创建方法	（3）难点：风系统各专业工程设备功能构件建模规则应用要求	
			2-2-5 能使用建模软件创建电气系统（供配电、智能化、消防）管路构件，如桥架、线管、导线以及对应的弯头、变径、连接件、三通、四通、接线盒等，精度满足施工图设计及深化设计要求	（1）供配电管路构件，如桥架、线管、导线以及对应的弯头、变径、连接件、三通、四通、接线盒等构件创建 （2）智能化管路构件，如线管、导线以及连接件、接线端等构件创建 （3）消防管路构件，如线管、导线以及对应的弯头、变径、连接件、三通、四通、接线盒等构件创建	（5）满足施工图设计及深化设计要求的电气系统各专业工程（供配电、智能化、消防）管路构件创建	1）电气系统各工程专业管路构件制图基本知识 ①桥架 ②线管 ③导线以及对应的弯头 ④变径、连接件 ⑤三通 ⑥四通 ⑦接线盒等 2）电气系统各工程专业管路构件基本知识 3）电气系统各工程专业管路构件建模规则要求 4）精度满足施工图设计及深化设计要求的电气系统各工程专业管路构件的创建方法	（1）方法：讲授法、项目教学法、演示法、实例练习法 （2）重点：电气系统各专业工程管路构件创建 （3）难点：电气系统各专业工程管路构件建模规则应用要求	10
			2-2-6 能使用建模软件创建电气系统（供配电、智能化、消防）功能构件，如电气机柜，变压器、配电箱、灯具、插座、开关、线管、线管配件、电缆桥架、电缆桥架配件、电缆、传感器、控制器等，精度满足施工图设计及深化设计要求	（1）供配电功能构件，如电气机柜、变压器、配电箱、灯具、插座、开关、线管、线管配件、电缆桥架、电缆桥架配件、电缆、控制器等构件创建 （2）智能化功能构件，如电气机柜、变压器、开关、线管、线管配件、电缆、广播、传感器、控制器等构件创建	（6）满足施工图设计及深化设计要求的电气系统各工程专业（供配电、智能化、消防）设备功能构件创建	1）电气系统各工程专业设备功能构件制图基本知识 ①电气机柜 ②变压器 ③配电箱 ④灯具、插座、开关 ⑤线管及线管配件 ⑥电缆桥架及电缆桥架配件 ⑦电缆 ⑧传感器 ⑨控制器等	（1）方法：讲授法、项目教学法、演示法、实例练习法 （2）重点：电气系统各工程专业设备功能构件创建	8

续表

2.1.4 三级 / 高级职业技能培训要求					2.2.4 三级 / 高级职业技能培训课程规范			
职业功能模块	培训内容（课程）		技能目标	培训细目	学习单元	课程内容	培训建议	课堂学时
2．模型创建与编辑	2-2 创建实体构件	B 机电工程		（3）消防功能构件，如喷淋、烟感、传感器、控制器等构件创建		2）电气系统各工程专业设备功能构件基本知识 3）电气系统各工程专业设备功能构件建模规则要求 4）精度满足施工图设计及深化设计要求的电气系统各工程专业设备功能构件的创建方法	（3）难点：电气系统各工程专业设备功能构件建模规则应用要求	
		C 装饰装修工程	2-2-1 能使用建模软件创建楼地面和门窗构件，如整体面层、块料面层、木地板、楼梯踏步、踢脚板、成品门窗套、成品门窗安装构造等，精度满足施工图设计及深化设计要求	（1）楼地面构件，如整体面层、块料面层、木地板、楼梯踏步、踢脚板等构件创建 （2）门窗构件，如成品门窗套、成品门窗安装构造等构件创建	（1）满足施工图设计及深化设计要求的楼地面和门窗构件创建	1）楼地面和门窗构件制图基本知识 ①整体面层 ②块料面层 ③木地板 ④楼梯踏步 ⑤踢脚板 ⑥成品门窗套 ⑦成品门窗安装构造节点等 2）装饰装修专业中楼地面和门窗构件的基本构造知识 3）楼地面和门窗构件建模规则要求 4）精度满足施工图设计及深化设计要求的楼地面和门窗构件的创建方法	（1）方法：讲授法、项目教学法、演示法、实例练习法 （2）重点：楼地面和门窗构件创建 （3）难点：楼地面和门窗构件建模规则应用要求	10
			2-2-2 能使用建模软件创建吊顶构件，如纸面石膏板、金属板、木质吊顶、吊顶伸缩缝、阴角凹槽构造、检修口等，精度满足施工图设计及深化设计要求	（1）吊顶构件，如纸面石膏板、金属板、木质吊顶、检修口等构件创建 （2）吊顶伸缩缝、阴角凹槽构造等构件创建	（2）满足施工图设计及深化设计要求的吊顶构件创建	1）吊顶构件制图基本知识 ①纸面石膏板 ②金属板 ③木质吊顶 ④吊顶伸缩缝 ⑤阴角凹槽构造节点 ⑥检修口 ⑦空调风口 ⑧喷淋 ⑨烟感 ⑩广播等	（1）方法：讲授法、项目教学法、演示法、实例练习法 （2）重点：吊顶构件创建	10

续表

2.1.4　三级 / 高级职业技能培训要求					2.2.4　三级 / 高级职业技能培训课程规范			
职业功能模块	培训内容（课程）		技能目标	培训细目	学习单元	课程内容	培训建议	课堂学时
						2）装饰装修专业中吊顶构件的基本构造知识 3）吊顶构件建模规则要求 4）精度满足施工图设计及深化设计要求的吊顶构件的创建方法	（3）难点：吊顶构件建模规则应用要求	
2. 模型创建与编辑	2-2 创建实体构件	C装饰装修工程	2-2-3 能使用建模软件创建饰面构件，如轻质隔墙饰面板、纸面石膏板、木龙骨木饰面板、玻璃隔墙、活动隔墙、壁纸壁布、各类饰面材料与设备设施安装收口等，精度满足施工图设计及深化设计要求	（1）饰面构件，如轻质隔墙饰面板、纸面石膏板、木龙骨木饰面板、玻璃隔墙、活动隔墙、壁纸壁布等构件创建 （2）各类饰面材料与设备设施安装收口等构造创建	（3）满足施工图设计及深化设计要求的饰面构件创建	1）饰面构件制图基本知识 ①轻质隔墙饰面板 ②纸面石膏板 ③木龙骨木饰面板 ④玻璃隔墙 ⑤活动隔墙 ⑥各类饰面砖设备设施安装收口 ⑦壁纸壁布等 2）装饰装修专业中饰面构件的基本构造知识 3）饰面构件建模规则要求 4）精度满足施工图设计及深化设计要求的饰面构件的创建方法	（1）方法：讲授法、项目教学法、演示法、实例练习法 （2）重点：饰面构件创建 （3）难点：饰面构件建模规则应用要求	10
			2-2-4 能使用建模软件创建幕墙构件，如玻璃幕墙、石材幕墙、金属幕墙、玻璃雨檐、天窗、幕墙与设备设施安装收口等，精度满足施工图设计及深化设计要求	（1）幕墙构件，如玻璃幕墙、石材幕墙、金属幕墙、玻璃雨檐、天窗等构件创建	（4）满足施工图设计及深化设计要求的幕墙构件创建	1）幕墙构件制图基本知识 ①玻璃幕墙 ②石材幕墙 ③金属幕墙 ④玻璃雨檐 ⑤天窗 ⑥幕墙设备设施安装收口等	（1）方法：讲授法、项目教学法、演示法、实例练习法 （2）重点：幕墙构件创建	18

续表

2.1.4 三级 / 高级职业技能培训要求					2.2.4 三级 / 高级职业技能培训课程规范			
职业功能模块	培训内容（课程）		技能目标	培训细目	学习单元	课程内容	培训建议	课堂学时
2. 模型创建与编辑	2-2 创建实体构件	C 装饰装修工程		（2）幕墙构件与设备设施安装收口等构造创建		2）装饰装修专业中幕墙构件的基本构造知识 3）幕墙构件建模规则要求 4）精度满足施工图设计及深化设计要求的幕墙构件的创建方法	（3）难点：幕墙构件建模规则应用要求	
			2-2-5 能使用建模软件创建厨房、卫生间、家具及其他装饰构件，如淋浴房、洗脸盆、坐便器、地漏、厨房橱柜、抽油烟机、固定家具、活动家具、各类装饰线条等，精度满足施工图设计及深化设计要求	（1）厨房构件，如地漏、厨房橱柜、抽油烟机等构件创建 （2）卫生间构件，如淋浴房、洗脸盆、坐便器、地漏等构件创建 （3）家具及其他装饰构件，如固定家具、活动家具、各类装饰线条等构件创建	（5）满足施工图设计及深化设计要求的厨房、卫生间、家具及其他装饰构件创建	1）厨房、卫生间、家具及其他装饰构件制图的基本知识 ①淋浴房 ②洗脸盆 ③坐便器 ④地漏 ⑤厨房橱柜 ⑥抽油烟机 ⑦固定家具 ⑧活动家具 ⑨各类装饰线条等 2）装饰装修专业中厨房、卫生间、家具及其他装饰构件的基本构造知识 3）厨房、卫生间、家具及其他装饰构件建模规则要求 4）精度满足施工图设计及深化设计要求的厨房、卫生间、家具及其他装饰构件的创建方法	（1）方法：讲授法、项目教学法、演示法、实例练习法 （2）重点：厨房、卫生间、家具及其他装饰构件创建 （3）难点：厨房、卫生间、家具及其他装饰构件建模规则应用要求	10

续表

2.1.4 三级 / 高级职业技能培训要求					2.2.4 三级 / 高级职业技能培训课程规范			
职业功能模块	培训内容（课程）		技能目标	培训细目	学习单元	课程内容	培训建议	课堂学时
2．模型创建与编辑	2-2 创建实体构件	D市政工程	2-2-1 能使用建模软件创建道路工程模型构件，如机动车道、非机动车道、人行道、挡墙、护栏、雨水口、标志标线、标牌等，精度满足施工图设计及深化设计要求	（1）道路工程机动车道、非机动车道、人行道等构件创建 （2）道路工程挡墙、护栏、雨水口、标志标线、标牌等构件创建	（1）满足施工图设计及深化设计要求的道路路线工程专业构件创建	1）道路工程专业构件制图基本知识 ①机动车道 ②非机动车道 ③人行道 ④挡墙 ⑤护栏 ⑥雨水口 ⑦标志标线 ⑧标牌等 2）道路工程专业构件结构基本知识 3）精度满足施工图设计及深化设计要求的道路工程专业构件的创建方法	（1）方法：讲授法、项目教学法、演示法、实例练习法 （2）重点：道路工程专业构件创建 （3）难点：道路工程构件建模规则应用要求	10
			2-2-2 能使用建模软件创建道路桥梁工程构件，如桩、承台、立柱、盖梁、箱梁、钢梁、支座、垫石、伸缩缝等，精度满足施工图设计及深化设计要求	（1）道路桥梁工程构件，如桩、承台、立柱等构件创建 （2）道路桥梁工程构件盖梁、箱梁、钢梁等构件创建 （3）道路桥梁工程构件支座、垫石、伸缩缝等构件创建	（2）满足施工图设计及深化设计要求的桥涵工程专业构件创建	1）桥涵工程制图基本知识 ①桩 ②承台 ③立柱 ④盖梁 ⑤箱梁 ⑥钢梁 ⑦支座 ⑧垫石 ⑨伸缩缝等 2）桥涵工程专业构件结构基本的知识 3）精度满足施工图设计及深化设计要求的桥涵工程专业构件的创建方法	（1）方法：讲授法、项目教学法、演示法、实例练习法 （2）重点：桥涵工程专业构件创建 （3）难点：桥涵工程专业构件建模规则应用要求	10

续表

2.1.4 三级／高级职业技能培训要求					2.2.4 三级／高级职业技能培训课程规范			
职业功能模块	培训内容（课程）		技能目标	培训细目	学习单元	课程内容	培训建议	课堂学时
2．模型创建与编辑	2-2 创建实体构件	D 市政工程	2-2-3 能使用建模软件创建道路隧道工程构件，如坡面防护结构、洞口防排水、隧道内防排水、洞门结构、明洞结构、支护、衬砌、隧道基底等，精度满足施工图设计及深化设计要求	（1）道路隧道工程构件，如坡面防护结构、洞门结构、明洞结构、支护、衬砌、隧道基底等构件创建 （2）道路隧道工程构件，如洞口防排水、隧道内防排水等构件创建	（3）满足施工图设计及深化设计要求的隧道工程专业构件创建	1）隧道工程构件制图基本知识 ①坡面防护结构 ②隧道内防排水 ③洞门结构 ④明洞结构 ⑤支护 ⑥衬砌 ⑦隧道基底等 2）隧道工程专业构件结构的基本知识 3）精度满足施工图设计及深化设计要求的隧道工程专业构件的创建方法	（1）方法：讲授法、项目教学法、演示法、实例练习法 （2）重点：隧道工程模型构件创建 （3）难点：隧道工程构件建模规则应用要求	10
			2-2-4 能使用建模软件创建地下管网模型构件，如给水管道、雨水管道、污水管道、消防水管道、燃气管道、电力管道、通信管道等，精度满足施工图设计及深化设计要求	（1）地下管网给水管道工程的构件创建 （2）地下管网雨水管道工程的构件创建 （3）地下管网污水管道工程的构件创建 （4）地下管网消防水管道工程的构件创建 （5）地下管网燃气管道工程的构件创建 （6）地下管网电力管道工程的构件创建 （7）地下管网通信管道工程的构件创建	（4）满足施工图设计及深化设计要求的道路地下管网各工程专业模型构件创建	1）地下管网各工程专业制图基本知识 ①地下给水管道工程 ②雨水管道工程 ③污水管道工程 ④消防水管道工程 ⑤燃气管道工程 ⑥电力管道工程 ⑦通讯管道工程 2）地下各专业管网工程专业构件制图基本知识 3）地下各专业管网工程专业构件建模规则要求 4）精度满足施工图设计及深化设计要求的地下管网工程专业实体构件的创建方法	（1）方法：讲授法、项目教学法、演示法、实例练习法 （2）重点：地下管网各工程专业模型构件创建 （3）难点：地下管网各工程专业构件建模规则应用要求	28

续表

2.1.4 三级/高级职业技能培训要求					2.2.4 三级/高级职业技能培训课程规范			
职业功能模块	培训内容（课程）		技能目标	培训细目	学习单元	课程内容	培训建议	课堂学时
2. 模型创建与编辑	2-2 创建实体构件	E 公路工程	2-2-1 能使用建模软件创建公路路线工程模型构件，如路堤、路垫、边坡、垫层、基层、面层、排水沟、边沟等，精度满足施工图设计及深化设计要求	(1) 公路路线工程模型构件，如路堤、路垫、边坡、垫层、基层、面层等构件创建 (2) 公路路线工程模型构件，如排水沟、边沟等构件创建	(1) 满足施工图设计及深化设计要求的公路路线工程专业构件创建	1）公路路线工程制图基本知识 ①路堤 ②路堑 ③边坡 ④道路垫层 ⑤基层 ⑥面层 ⑦排水沟 ⑧边沟等 2）公路路线工程专业构件结构的基本知识 3）公路路线工程专业构件建模规则要求 4）精度满足施工图设计及深化设计要求的公路路线工程专业构件的创建方法	(1) 方法：讲授法、项目教学法、演示法、实例练习法 (2) 重点：公路路线工程专业模型构件创建 (3) 难点：公路路线工程专业构件建模规则应用要求	16
			2-2-2 能使用建模软件创建公路桥涵工程模型构件，如桩、承台、立柱、盖梁、箱梁、钢梁、支座、垫石、伸缩缝等，精度满足施工图设计及深化设计要求	(1) 道路桥梁工程构件，如桩、承台、立柱等构件创建 (2) 道路桥梁工程构件盖梁、箱梁、钢梁等构件创建 (3) 道路桥梁工程构件支座、垫石、伸缩缝等构件创建	(2) 满足施工图设计及深化设计要求的公路桥涵工程专业构件创建	1）公路桥涵工程构件制图基本知识 ①桩 ②承台 ③立柱 ④盖梁 ⑤箱梁 ⑥钢梁 ⑦支座 ⑧垫石 ⑨伸缩缝等 2）公路桥涵工程专业构件的结构基本知识 3）公路桥涵工程专业构件建模规则要求 4）精度满足施工图设计及深化设计要求的公路桥涵工程专业构件的创建方法	(1) 方法：讲授法、项目教学法、演示法、实例练习法 (2) 重点：公路桥涵工程专业构件创建 (3) 难点：公路桥涵工程专业构件建模规则应用要求	16

续表

<table>
<tr><th colspan="5">2.1.4　三级 / 高级职业技能培训要求</th><th colspan="4">2.2.4　三级 / 高级职业技能培训课程规范</th></tr>
<tr><th>职业功能模块</th><th colspan="2">培训内容（课程）</th><th>技能目标</th><th>培训细目</th><th>学习单元</th><th>课程内容</th><th>培训建议</th><th>课堂学时</th></tr>
<tr><td rowspan="8">2. 模型创建与编辑</td><td rowspan="8">2-2　创建实体构件</td><td rowspan="8">E公路工程</td><td rowspan="4">2-2-3　能使用建模软件创建公路隧道工程模型构件，如坡面防护结构、洞口防排水、隧道内防排水、洞门结构、明洞结构、支护、衬砌、隧道基底等，精度满足施工图设计及深化设计要求</td><td rowspan="4">（1）公路隧道工程构件，如坡面防护结构、洞门结构、明洞结构、支护、衬砌、隧道基底等构件创建
（2）公路隧道工程构件，如洞口防排水、隧道内防排水等构件创建</td><td rowspan="4">（3）满足施工图设计及深化设计要求的公路隧道工程专业构件创建</td><td>1）公路隧道工程专业构件制图基本知识
①坡面防护结构
②洞口防排水
③隧道内防排水
④洞门结构
⑤明洞结构
⑥支护
⑦衬砌
⑧隧道基底等</td><td rowspan="4">（1）方法：讲授法、项目教学法、演示法、实例练习法
（2）重点：公路隧道工程专业构件创建
（3）难点：公路隧道工程专业构件建模规则应用要求</td><td rowspan="4">14</td></tr>
<tr><td>2）公路隧道工程专业构件结构的基本知识</td></tr>
<tr><td>3）公路隧道工程专业构件建模规则要求</td></tr>
<tr><td>4）精度满足施工图设计及深化设计要求的公路隧道工程专业构件的创建方法</td></tr>
<tr><td rowspan="4">2-2-4　能使用建模软件创建交通安全构件，如标线、标志、标牌、红绿灯、护栏、路灯、人行横道等，精度满足施工图设计及深化设计要求</td><td rowspan="4">公路交通安全构件，如标线、标志、标牌、红绿灯、护栏、路灯、人行横道等构件创建</td><td rowspan="4">（4）满足施工图设计及深化设计要求的交通安全工程专业构件创建</td><td>1）交通安全工程专业构件制图基本知识
①标线
②标志
③标牌
④红绿灯
⑤护栏
⑥路灯
⑦人行横道等</td><td rowspan="4">（1）方法：讲授法、项目教学法、演示法、实例练习法
（2）重点：交通安全工程专业构件创建
（3）难点：交通安全工程专业构件建模规则应用要求</td><td rowspan="4">12</td></tr>
<tr><td>2）交通安全工程专业构件结构的基本知识</td></tr>
<tr><td>3）交通安全工程专业构件建模规则要求</td></tr>
<tr><td>4）精度满足施工图设计及深化设计要求的交通安全工程专业构件的创建方法</td></tr>
</table>

续表

2.1.4 三级 / 高级职业技能培训要求					2.2.4 三级 / 高级职业技能培训课程规范			
职业功能模块	培训内容（课程）		技能目标	培训细目	学习单元	课程内容	培训建议	课堂学时
2．模型创建与编辑	2–2 创建实体构件	F 铁路工程	2–2–1 能使用建模软件创建铁路站前工程各工程专业模型构件，如组成线路、桥梁、隧道、路基、站场、轨道等，精度满足施工图设计及深化设计要求	（1）铁路站前工程的组成线路专业的模型构件创建 （2）铁路站前工程的桥梁专业工程的模型构件创建 （3）铁路站前工程的隧道专业工程的模型构件创建 （4）铁路站前工程的路基专业工程的模型构件创建	（1）满足施工图设计及深化设计要求的铁路站前工程各工程专业构件创建	1）铁路站前工程线路工程专业制图基本知识 2）铁路站前工程桥涵工程专业制图基本知识 ①桩 ②承台 ③立柱 ④盖梁 ⑤箱梁 ⑥钢梁 ⑦支座 ⑧垫石 ⑨伸缩缝等 3）铁路站前工程隧道工程专业制图基本知识 ①坡面防护结构 ②洞口防排水 ③隧道内防排水 ④洞门结构 ⑤明洞结构 ⑥支护 ⑦衬砌 ⑧隧道基底等 4）铁路站前工程路基工程专业制图基本知识 ①路基本体 ②支挡结构 ③边坡防护 ④地基处理 ⑤排水系统 ⑥绿化系统 ⑦防护栏 ⑧附属结构等	（1）方法：讲授法、项目教学法、演示法、实例练习法 （2）重点：铁路站前工程各工程专业构件创建	34

续表

2.1.4 三级 / 高级职业技能培训要求					2.2.4 三级 / 高级职业技能培训课程规范			
职业功能模块	培训内容（课程）		技能目标	培训细目	学习单元	课程内容	培训建议	课堂学时
2. 模型创建与编辑	2-2 创建实体构件	F 铁路工程		（5）铁路站前工程的站场工程专业的模型构件创建 （6）铁路站前工程的轨道专业工程的模型构件创建		5）铁路站前工程站场工程专业制图基本知识 ①站台 ②站内平过道 ③标志标牌 ④信号设备 ⑤调速设备 ⑥安全设备等	（3）难点：铁路站前工程各工程专业构件建模规则应用要求	
						6）铁路站前工程轨道工程专业制图基本知识 ①钢轨 ②扣件 ③轨枕 ④道岔 ⑤钢轨伸缩调节器 ⑥道床 ⑦附属设备等		
						7）铁路站前工程各工程专业构件结构的基本知识		
						8）铁路站前工程各工程专业构件建模规则要求		
						9）精度满足施工图设计及深化设计要求的铁路站前工程各工程专业构件的创建方法		

续表

2.1.4 三级/高级职业技能培训要求					2.2.4 三级/高级职业技能培训课程规范			
职业功能模块	培训内容（课程）		技能目标	培训细目	学习单元	课程内容	培训建议	课堂学时
2. 模型创建与编辑	2-2 创建实体构件	F 铁路工程	2-2-2 能使用建模软件创建铁路站后工程各工程专业模型构件，如组成接触网、牵引变电、电力、通信、信号、信息、自然灾害及异物侵限监测、土地利用、景观、综合维修工务设备、给排水、机务、车辆设备等，精度满足施工图设计及深化设计要求	（1）铁路站后工程的组成接触网工程专业的模型构件创建 （2）铁路站后工程的牵引变电工程专业的模型构件创建 （3）铁路站后工程的电力工程专业的模型构件创建 （4）铁路站后工程的通信工程专业的模型构件创建 （5）铁路站后工程的信号工程专业的模型构件创建 （6）铁路站后工程的信息工程专业的模型构件创建 （7）铁路站后工程的自然灾害及异物侵限监测工程专业的模型构件创建 （8）铁路站后工程的土地利用工程专业的模型构件创建 （9）铁路站后工程的景观工程专业的模型构件创建	（2）满足施工图设计及深化设计要求的铁路站后工程各工程专业构件创建	1）铁路站后工程组成接触网工程专业制图基本知识 2）铁路站后工程牵引变电工程专业制图基本知识 3）铁路站后工程电力工程专业制图基本知识 4）铁路站后工程的通信工程专业制图基本知识 5）铁路站后工程的信号工程专业制图基本知识 6）铁路站后工程的信息工程专业制图基本知识 7）铁路站后工程自然灾害及异物侵限监测工程专业制图基本知识 8）铁路站后工程土地利用专业的构件创建 9）铁路站后工程景观工程专业制图基本知识 10）铁路站后工程综合维修工务设备工程专业制图基本知识	（1）方法：讲授法、项目教学法、演示法、实例练习法 （2）重点：铁路站后工程各工程专业构件创建	24

续表

2.1.4 三级 / 高级职业技能培训要求					2.2.4 三级 / 高级职业技能培训课程规范			
职业功能模块	培训内容（课程）		技能目标	培训细目	学习单元	课程内容	培训建议	课堂学时
2．模型创建与编辑	2-2 创建实体构件	F 铁路工程		（10）铁路站后工程的综合维修工务设备工程专业的模型构件创建 （11）铁路站后工程的给排水工程专业的模型构件创建 （12）铁路站后工程的机务工程专业的模型构件创建 （13）铁路站后工程的车辆设备工程专业的模型构件创建		11）铁路站后工程给排水工程专业的制图基本知识	（3）难点：铁路站后工程各工程专业构件建模规则应用要求	
						12）铁路站后工程机务工程专业的制图基本知识		
						13）铁路站后工程车辆设备工程专业的制图基本知识		
						14）铁路站后工程各工程专业构件结构的基本知识		
						15）铁路站后工程各工程专业构件建模规则要求		
						16）精度满足施工图设计及深化设计要求的铁路站后工程各工程专业构件的创建方法		
	2-3 创建自定义参数化图元		2-3-1 能根据所需要参数化的构件用途选择和定义图元的类型	图元类型的选择和定义	（1）自定义参数化图元选择和辅助参数定位的创建	1）所需要参数化的构件制图基本知识	（1）方法：讲授法、演示法、实例练习法 （2）重点与难点：参数化图元选择	1
						2）所需要参数化的构件建模规则要求		
						3）图元类型的分类		
			2-3-2 能创建用于辅助参数定位所需要的参考点、参考线、参考平面等参照图元	（1）参考点的创建 （2）参考线的创建 （3）参考平面的创建		4）参考点、参考线、参考平面等参照图元的定义		
			2-3-3 能运用参数化建模命令创建局部构件图元	运用参数化建模命令创建局部构件图元		5）参考点、参考线、参考平面等参照图元的创建方法		

续表

2.1.4　三级/高级职业技能培训要求				2.2.4　三级/高级职业技能培训课程规范			
职业功能模块	培训内容（课程）	技能目标	培训细目	学习单元	课程内容	培训建议	课堂学时
2. 模型创建与编辑	2-3　创建自定义参数化图元	2-3-4　能对自定义参数化构件添加合适的参数	自定义参数化构件参数的添加	（2）自定义参数化构件添加、删除参数	1）自定义参数化构件参数选择的基本知识 2）自定义参数化构件参数添加的方法	（1）方法：讲授法、演示法、实例练习法 （2）重点与难点：添加、删除参数	1
		2-3-5　能删除自定义参数化构件参数	参数化构件参数的删除		3）自定义参数化构件参数删除的方法		
		2-3-6　能将构件的形体、尺寸、材质等信息与添加的自定义参数进行关联	构件的形体尺寸、材质等信息与添加的自定义参数的关联	（3）将构件的形体尺寸、材质等信息与添加的自定义参数进行关联和调整	1）构件的形体、尺寸、材质等信息与添加的自定义参数进行关联的方法	（1）方法：讲授法、演示法、实例练习法 （2）重点与难点：构件信息与添加的自定义参数关联和调整	1
		2-3-7　能根据图元形体、尺寸、材质等的变化，重新设置参数并调整参数值	（1）图元形体、尺寸、材质等参数变化的重新设置 （2）图元形体、尺寸、材质等参数变化的调整		2）对图元形体、尺寸、材质等参数变化的重新设置方法 3）对图元形体、尺寸、材质等参数变化的调整方法		
		2-3-8　能将创建好的自定义参数化图元进行保存	自定义参数化图元的保存	（4）自定义参数化图元的保存、使用	1）自定义参数化图元的保存	（1）方法：讲授法、演示法、实例练习法 （2）重点与难点：自定义参数图元调用	1
		2-3-9　能在项目模型中使用调整好参数的自定义参数化图元	项目模型中自定义图元的调用		2）项目模型中调用自定义参数化图元的方法		
		2-3-10　能在正确的位置创建相应的连接件，并使其尺寸与构件参数关联	（1）连接件的创建 （2）连接件的尺寸与构件参数的关联	（5）连接件的创建及其尺寸与构件参数的关联	1）连接件的创建方法 2）连接件的尺寸与构件参数关联的方法	（1）方法：讲授法、演示法、实例练习法 （2）重点与难点：连接件的尺寸与构件参数关联的方法	1

续表

2.1.4 三级 / 高级职业技能培训要求				2.2.4 三级 / 高级职业技能培训课程规范			
职业功能模块	培训内容（课程）	技能目标	培训细目	学习单元	课程内容	培训建议	课堂学时
3．模型更新与协同	3-1 模型更新	3-1-1 能将模型的数据导入、导出	（1）模型数据的导入 （2）模型数据的导出	（1）模型数据的导入、导出和模型文件格式的转换	1）模型数据的导入方法	（1）方法：讲授法、项目教学法、演示法 （2）重点与难点：各专业模型数据的导入	1
					2）模型数据的导出方法		
		3-1-2 能根据各专业模型需要，对模型文件进行格式转换	模型格式转换		3）模型格式转换方法		
		3-1-3 能根据各专业模型需要，对各阶段的模型进行更新完善	各专业不同阶段模型的更新	（2）模型的更新与完善	1）各专业不同阶段对模型的需求	（1）方法：讲授法、项目教学法、演示法 （2）重点与难点：各专业不同阶段对模型的需求	1
					2）各专业不同阶段模型的更新方法		
	3-2 模型协同	3-2-1 能链接其他专业模型从而完成本专业模型的创建与修改	不同专业模型的链接	（1）建模图纸的导入和链接及对链接的模型、图纸进行删除、卸载等链接管理	1）不同专业模型链接的方法	（1）方法：讲授法、项目教学法、演示法 （2）重点与难点：不同专业模型的链接应注意的问题	1
					2）不同专业模型链接应注意的问题		
		3-2-2 能导入和链接建模图纸	（1）建模所需图纸的处理 （2）建模所需图纸的导入和链接		3）建模所需图纸的处理方法		
					4）建模所需图纸的导入和链接方法		
		3-2-3 能完成链接的模型、图纸，进行删除、卸载等链接管理操作	（1）对链接的模型、图纸进行删除 （2）对链接的模型、图纸进行卸载		5）对链接的模型、图纸进行删除的操作方法		
					6）对链接的模型、图纸进行卸载的操作方法		

续表

2.1.4　三级 / 高级职业技能培训要求				2.2.4　三级 / 高级职业技能培训课程规范			
职业功能模块	培训内容（课程）	技能目标	培训细目	学习单元	课程内容	培训建议	课堂学时
3．模型更新与协同	3-2　模型协同	3-2-4　能完成本专业模型进行协同及整合	（1）本专业模型协同工作的分解 （2）本专业模型协同工作的整合	（2）单专业、多专业模型的协同及整合	1）单专业模型协同的操作方法	（1）方法：讲授法、项目教学法、演示法 （2）重点与难点：多专业模型协同	1
					2）单专业模型整合的操作方法		
		3-2-5　能完成其他专业模型进行协同及整合	（1）其他专业模型协同工作的分解 （2）其他专业模型协同工作的整合		3）多专业模型协同的操作方法		
					4）多专业模型整合的操作方法		
4．模型注释与视图创建	4-1　标注和标记	4-1-1　能定义不同的标注类型	不同标注类型的定义	（1）标注的设定、创建与编辑	1）各专业标注类型的制图知识	（1）方法：讲授法、演示法、实例练习法 （2）重点与难点：标注的创建与编辑	1
					2）各专业标注类型的图样规定		
		4-1-2　能定义标注类型中的图形及文字的显示样式	各专业标注类型及其标注样式的设定		3）各专业标注类型及其标注样式的设定方法		
					4）各专业标注的创建与编辑方法		
		4-1-3　能定义不同的标记与注释类型	不同标记与注释类型的定义	（2）标记的设定、创建与编辑	1）各专业标记类型的制图知识	（1）方法：讲授法、演示法、实例练习法 （2）重点与难点：标记的创建与编辑	1
					2）各专业标记类型的图样规定		
		4-1-4　能定义标记与注释中的文字、图形的显示样式	各专业标记类型及其标注样式的设定		3）各专业标注记型及其标注样式的设定方法		
					4）各专业标记的创建与编辑方法		

续表

2.1.4 三级 / 高级职业技能培训要求				2.2.4 三级 / 高级职业技能培训课程规范			
职业功能模块	培训内容（课程）	技能目标	培训细目	学习单元	课程内容	培训建议	课堂学时
4．模型注释与视图创建	4-2 创建视图	4-2-1 能定义项目中所使用的视图样板	项目中所使用的视图样板的定义	(1) 项目视图样板的定义	1）项目中对视图的要求	(1) 方法：讲授法、演示法、实例练习法 (2) 重点与难点：视图样板生成的操作	1
					2）视图样板生成的操作方法		
		4-2-2 能定义平面视图的显示样式及参数设置	平面视图显示样式及参数的设置	(2) 平面、立面、剖面视图显示的样式与参数的设置	1）平面、立面、剖面视图制图的基本知识	(1) 方法：讲授法、演示法、实例练习法 (2) 重点与难点：平面、立面、剖视图的参数编辑	1
		4-2-3 能定义立面视图的显示样式及参数设置	立面视图显示样式及参数的设置				
		4-2-4 能定义剖面视图的显示样式及参数设置	剖面视图显示样式及参数的设置		2）平面、立面、剖面视图显示样式及参数的设置方法		
		4-2-5 能定义三维视图的显示样式及参数设置	三维面视图显示样式及参数的设置	(3) 三维视图显示的样式与参数的设置	1）三维视图制图的基本知识	(1) 方法：讲授法、演示法、实例练习法 (2) 重点与难点：三维视图的参数编辑	1
					2）三维视图显示样式及参数的设置方法		
5．成果输出	5-1 模型保存	5-1-1 能在建模软件中保存或另存为成果文件类型及样式	(1) 建模软件保存的成果文件类型的定义 (2) 建模软件保存的成果文件样式的定义	成果类型、样式的保存（另存为）及建模软件成果文件类型的输出	1）建模软件保存的成果文件类型及样式	(1) 方法：讲授法、演示法 (2) 重点与难点：输出不同格式成果文件类型的操作	1
					2）建模软件另存为的成果文件类型及样式		
		5-1-2 能在建模软件中输出不同格式成果文件类型	建模软件输出不同格式成果文件类型的定义		3）建模软件输出不同格式成果文件的作用		
					4）建模软件输出不同格式成果文件类型的操作方法		

续表

2.1.4　三级 / 高级职业技能培训要求				2.2.4　三级 / 高级职业技能培训课程规范			
职业功能模块	培训内容（课程）	技能目标	培训细目	学习单元	课程内容	培训建议	课堂学时
5．成果输出	5-2　图纸创建	5-2-1　能自定义满足专业图纸规范的图层、线型、文字等内容	（1）图纸中图层的设置 （2）图纸中线型的设置 （3）图纸中文字的设置	（1）图纸样板的创建	1）各专业图纸样板的规范要求 2）图纸样板的设置方法	（1）方法：演示法、实例练习法 （2）重点与难点：各专业图纸样板的要求	1
		5-2-2　能创建各专业使用的图纸样板	图纸样板的设置	（2）专业图纸规范的图层、线型、文字等内容设置	1）专业图纸中图层、线型、文字的规范要求 2）图纸中图层、线型、文字等内容的设置方法	（1）方法：演示法、实例练习法 （2）重点与难点：各专业图纸图层、线型、文字的设置	1
	5-3　效果展现	5-3-1　能设置复杂、详细参数，并对模型成果进行渲染及漫游	（1）模型渲染复杂、详细参数的设置 （2）模型漫游复杂、详细参数的设置	（1）模型渲染	1）模型渲染复杂、详细参数的设置方法 2）模型渲染的输出方法	（1）方法：演示法、实例练习法 （2）重点与难点：模型渲染的参数设置	1
		5-3-2　能设置信息模型软件输出复杂、精细的渲染及漫游成果	（1）复杂、详细的渲染模型成果的输出 （2）复杂、详细的漫游成果的输出	（2）模型漫游	1）模型漫游复杂、详细参数的设置方法 2）模型漫游的输出方法	（1）方法：演示法、实例练习法 （2）重点与难点：漫游成果的参数设置	1
	5-4　文档输出	5-4-1　能辅助编制碰撞检查报告、实施方案、建模标准等技术文件	碰撞检查报告、实施方案、建模标准等技术文件的辅助编制	（1）碰撞检查报告、实施方案、建模标准等技术文件的编制	1）碰撞检查报告、实施方案、建模标准等技术文件的基本知识 2）碰撞检查报告、实施方案、建模标准等技术文件的表达样式	（1）方法：讲授法、演示法 （2）重点与难点：各技术文件的编制	1
		5-4-2　能编制建筑信息模型建模类汇报资料	建模类汇报资料的编制	（2）建模类汇报资料的编制	1）建模类汇报资料的编制规范 2）建模类汇报资料的编制方法	（1）方法：讲授法、演示法 （2）重点与难点：汇报资料的编制	1

续表

2.1.4 三级 / 高级职业技能培训要求				2.2.4 三级 / 高级职业技能培训课程规范			
职业功能模块	培训内容（课程）	技能目标	培训细目	学习单元	课程内容	培训建议	课堂学时
6. 培训与指导	6-1 培训	6-1-1 能对四级 / 中级进行建模培训	四级 / 中级建模标准的培训	（1）对四级 / 中级的建模培训计划和方案的制定及实施	1）四级 / 中级建模标准的讲义编写 2）四级 / 中级建模标准的培训 3）培训方案的编写 4）培训计划的制定	（1）方法：讲授法 （2）重点与难点：培训内容的实施	1
		6-1-2 能制定建模培训方案和计划	建模培训方案编写				
		6-1-3 能编写建模培训大纲和教材	（1）建模培训大纲的编写 （2）建模培训教材的编写	（2）建模培训大纲和教材的编写	1）培训大纲的编写 2）培训教材的编写	（1）方法：讲授法 （2）重点与难点：培训教材的编制	1
	6-2 指导	6-2-1 能指导四级 / 中级完成建模软件的安装	建模软件的安装流程的指导	（1）对四级 / 中级建模准备、编制技术资料文件、梳理工作内容及要求的指导	1）指导检查建模前准备工作（如场地、软件、设备、建模标准等） 2）指导排除准备工作中常见问题 3）指导编写技术资料文件清单 4）指导保存技术资料文件 5）指导整理工作内容及要求 6）指导修改工作内容及要求	（1）方法：讲授法 （2）重点与难点：各项工作指导	1
		6-2-2 能指导四级 / 中级编制相关技术资料文件	技术资料文件编制的指导				
		6-2-3 能指导四级 / 中级梳理协同工作内容及要求	协同工作内容及要求梳理的指导				
		6-2-4 能评估四级 / 中级的学习效果	（1）培训质量管理指导 （2）学习效果评估	（2）对四级 / 中级的学习效果评估	评估四级 / 中级的学习效果 ①技能水平测试 ②知识水平测试 ③态度、礼仪测试 ④综合评定	（1）方法：讲授法 （2）重点与难点：技能评估测试	1
课堂学时合计							90

注：三级 / 高级专业的技能培训与课程规范对照表中，A、B、C、D、E、F 六个方向内容只需选择一个。